Die

Verwertung des Koksofengases,

insbesondere

seine Verwendung zum

Gasmotorenbetriebe.

Von

Bergassessor Baum.

1904.

Springer-Verlag Berlin Heidelberg GmbH

Additional material to this book can be downloaded from http://extras.springer.com.

Sonderabdruck aus „Glückauf", Berg- und Hütten-
männische Zeitschrift, Jahrgang 1904, Nr. 16—21.

ISBN 978-3-642-47109-4 ISBN 978-3-642-47360-9 (eBook)
DOI 10.1007/ 978-3-642-47360-9

Inhaltsangabe.

Allgemeines über die Verwendung des Koksofengases.

Die großen Fackeln, welche ehedem aus den Essen der Kokereien als Wahrzeichen einer immensen Energievergeudung gen Himmel loderten, sind bereits seit einer Reihe von Jahren von den Steinkohlenwerken verschwunden, welche den bei so manchem alten Techniker feststehenden Grundsatz, daß der Dampf auf Kohlengruben nichts koste, verlassen haben und zu der richtigen Erkenntnis gelangt sind, daß die Dampferzeugung mit Schürkohle teuer und, wenn man nicht Abfallprodukte verwerten kann, sehr teuer ist. Die Feuerung der Dampfkessel durch Koksofengase, der einfachste Weg zur Verwertung des Gasüberschusses, welcher über den zur Heizung der Koksöfen notwendigen Bedarf verbleibt, spielt gegenwärtig eine große Rolle im Kokereibetriebe. Die Zahl der in Deutschland in Gaskesseln erzeugten Pferdekräfte dürfte nach einer allerdings sehr oberflächlichen Schätzung 150 000 weit übersteigen. Viele Werke, die eine große Masse gasreicher Kohle verkoken, wären imstande, ihren ganzen Dampfbedarf durch die Koksgasverbrennung zu erzeugen, wenn nicht gewisse Schwierigkeiten beständen, welche die Verwendung des von Gaskesseln gelieferten Dampfes einschränken. Es ergibt sich nämlich bei diesen eine gewisse Kontroverse zwischen Dampfentwicklung und Dampfverbrauch aus dem Umstande, daß die Gaslieferung der Öfen und daher auch die Dampferzeugung stetig ist, während die Dampfentnahme bei dem oft während ganzer Schichten unterbrochenen Betriebe der größten Bergwerksmotoren, der Fördermaschinen, Wasserhaltungen, Kompressoren, Wäscheantriebsmaschinen usw., in weiten Grenzen schwankt. Da es natürlich ausgeschlossen ist, den Kokereibetrieb diesem wechselnden Kraftanspruch entsprechend zu führen, zieht man es meistens vor, an die Gaskessel nur die im Dauerbetrieb stehenden Maschinen — das sind oft nur die Ventilatoren und Antriebsmotoren für die elektrischen Primärmaschinen, in anderen für die Gasverwertung günstigeren Fällen auch Kompressoren und Wasserhaltungen — anzuschließen, die Energie für die größten Dampfverbraucher, die Fördermaschinen, aber in Schürkesseln zu erzeugen, deren Betrieb sich leichter der wechselnden Dampfentnahme anpassen läßt.

Die Quantität des verfügbaren Gasüberschusses schwankt in weiten Grenzen je nach der Art der Kokskohle und der Zweckmäßigkeit der Ofenkonstruktion für die vorhandenen Verhältnisse. Bei gasarmer Kohle, welche sich nur durch sehr hohe Temperatur in einen brauchbaren Koks umsetzen läßt, wird oft das Gas zur Heizung der Ofenwände bis auf einen kleinen Teil oder, wenn die Ofenkonstruktion ungünstig ist, gänzlich aufgebraucht. Ein Gasüberschuß läßt sich dann nur bei größter Wärmeökonomie, wie z. B. bei der Vorwärmung des Heizgases oder, was noch besser ist, der Verbrennungsluft durch die Abhitze im Wege der Regeneration oder Rekuperation erreichen. Durch Vorwärmung der Verbrennungsluft auf 700^0 C ist beispielsweise eine Gasersparnis von 20 pCt. gegen die Verwendung kalter Luft zu erzielen.*)

Die gut backende Fettkohle liefert dagegen schon bei verhältnismäßig niedriger Temperatur einen guten Koks. Entspricht zudem die Ofenkonstruktion den vorhandenen Verhältnissen, so kann mit einem für andere Zwecke verfügbaren Überschuß von 20—40 pCt. der gesamten Gasentwicklung gerechnet werden.

Kohle von sehr hohem Gasgehalt (Gas- und Gasflammkohle) muß zur Herstellung eines dichten Koks um 200—300^0 stärker erhitzt werden als die mittlere Fettkohle, wodurch so viel Gas verbraucht wird, daß der Überschuß nicht größer ist wie bei der letzteren.

Sehr schädlich wird die Gaserzeugung durch einen zu hohen Wassergehalt der Kohle beeinflußt, weil viel Heizenergie durch die Wasserverdampfung absorbiert wird. Eine mittelgroße Kokerei hat bei einem nicht ungewöhnlichen Wassergehalt der Kokskohle von 15 pCt. täglich 40—50 cbm zu verdampfen.

Für die starken Schwankungen des Gasausbringens, das im übrigen wegen Mangel an geeigneten Instrumenten nur schwer genau zu bestimmen ist und deshalb meistens nur geschätzt wird, und des verfügbaren Gasüberschusses seien nachstehend einige Beispiele gegeben:

Art der Kohle	Gas-ausbringen pro t	Gasüberschuß in pCt.	Heizwert in WE
Saarkohle, Kokerei Neunkirchen	—	12	4335
Zeche Minister Stein	280	—	—
Kokereien Borsigwerk bezw. Julienhütte in Oberschlesien	280—435	25—40	3070—4050
Kokerei Theresienschacht bei Mährisch-Ostrau	280—450	20—40	2000—3170

Daraus geht hervor, daß auf Kokereien, welche gasreiche Kohle verarbeiten, ein beträchtlicher Rest an Gas verbleibt, der wegen der Schwierigkeiten des Gaskesselbetriebes nur teilweise ausgenutzt werden kann. Einzelne Werke haben den erfolgreichen Versuch gemacht, diesen Gasüberschuß nach dem Passieren der Nebenproduktenfabrik mit Benzoldämpfen zu karburieren

*) Stahl und Eisen 1899, S. 616.

und für die Beleuchtung nahegelegener Ortschaften zu verwenden, so u. a. die Zechen Erin und Prosper, welche die Orte Castrop bezw. Bottrop mit Leuchtgas versorgen, und die Glückhilf-Friedenshoffnungsgrube in Niederschlesien, welche Hermsdorf beleuchtet.

Eine größere Ausdehnung hat die Leuchtgaserzeugung in Koksöfen, die vor der bisher üblichen in Retorten wesentliche Vorzüge hat und neuerdings in Gasfachkreisen mit großem Interesse verfolgt wird, in Amerika gefunden. In Boston soll eine Gasfabrik mit 400 Koksöfen arbeiten, die von der Dominion Coal Co., Cape Breton, mit Kohlen versorgt werden.

Einer Verwertung des Koksgasüberschusses zu Beleuchtungszwecken stand bisher bei vielen Kokereien der Umstand im Wege, daß es in ihrer unmittelbaren Nähe an Abnehmern für Leuchtgas fehlte. Diese Schwierigkeit ist durch einen wichtigen Fortschritt, die Fernübertragung des Gases in gepreßtem Zustande, überwunden. Auch begünstigen die vervollkommneten Brennerkonstruktionen, insbesondere beim Gasglühlicht, welche mit einem unreineren und in der Zusammensetzung stärker schwankenden Gase arbeiten können, sowie der stark fortschreitende Heizgasverbrauch die Verwendung des Koksgases. Deshalb sollte man bei Projekten die Abgabe des Gases zu diesen Zwecken nie außer Betracht lassen. Wenn sie auch mit einer gewissen Komplikation des Betriebes verbunden ist, so ist sie doch weit wirtschaftlicher als die Verbrennung des Gases unter den Kesseln. Nimmt man für die Kesselkohle einen mittleren Heizeffekt von 7500 Kalorien sowie einen Preis von 7 ℳ pro t = 0,7 Pfg. pro kg und für das Koksgas einen mittleren Heizeffekt von nur 3200 WE an, so entsprechen einem Kilogramm auf dem Roste verbrannter Kohle $\frac{7500}{3200} = 2,34$ cbm Gas, dessen Wert sich demnach auf $\frac{0,7}{2,34} = 0,29$ Pfg. pro cbm berechnet.

Zieht man in Betracht, daß der Schürkesselbetrieb durch die Löhne der Heizer und die Amortisation der Aufwendungen für Roste, Kohlenzuführungs- und -lagerungsvorrichtungen noch etwas verteuert wird, so verbleibt doch immer eine große Differenz zu ungunsten der Gaskessel. Diese tritt voll in Erscheinung, wenn man das Wertäquivalent von 0,29 Pfg. für 1 cbm unter den Kesseln verbrannten Gases dem Preise von 10—12 Pfg. gegenüberstellt, zu dem die öffentlichen Gasanstalten gewöhnlich einen Kubikmeter Leuchtgas von 4800—5000 Kal. abgeben. Das zur Beleuchtung oder Heizung bestimmte Koksofengas mit 3200 WE hätte demnach einen Wert von

$$\frac{3200 \times 10}{4800} = 6,6 \text{ bezw.}$$

$$\frac{3200 \times 12}{4800} = 8 \text{ Pfg.,}$$ würde sich also 23 bis 28fach so gut bezahlt machen wie bei der Verbrennung unter den Kesseln.

Stellt man die Mehrkosten der Schürkesselbedienung und den Aufwand für die nach dem Verbrauchsort führende Gasleitung in Rechnung, so dürfte doch noch ein mindestens 12—15facher Mehrwert zu erzielen sein.

Da die Glühlicht- wie Heizgasbrenner auch wenig karburiertes Gas mit gutem Nutzeffekt verbrennen, brauchte das Koksofengas nicht mehr durch Benzoldämpfe auf den vollen Heizeffekt (4800 Kal.) des gewöhnlichen Leuchtgases aufgebessert zu werden. Das ist für die Verwertung des ersteren sehr wesentlich, weil die Karburierung recht teuer ist. Bei einem Heizwerte des Benzols von etwa 9000 WE und einem Preise von 0,20 ℳ pro kg sind für die Karburierung eines Kubikmeters Koksofengas von 3200 auf 4800 WE $\frac{1600}{9000}$ = 0,177 kg Benzol im Werte von 3,54 Pfg. erforderlich.

In Anbetracht dieser bedeutenden Erhöhung des Gestehungspreises durch das teure Benzol ist die Verwendung nicht oder wenig karburierten Gases zu Heiz- bezw. Beleuchtungszwecken, der ja technisch keine Schwierigkeiten mehr im Wege stehen, weit wirtschaftlicher als die des hochkarburierten.

Ein neuer der Allgemeinheit der Kokereien offen stehender Weg zur Nutzbarmachung der Gase ist ihre Verwendung zum Betriebe von Gasmotoren. Bei dieser direkten Umsetzung der Gasenergie in mechanische Kraft werden die Brennstoffe in ihrer wirksamsten Form mit dem Luftsauerstoff verbunden und weit rationeller verwertet als durch das bisher umständlichere Verfahren, mit Hülfe des Gases zunächst Dampf zu erzeugen und diesen erst in der Dampfmaschine in motorische Kraft zu verwandeln, wobei Wärmeverluste bei der Feuerung, in dem Kessel, den Dampfleitungen und der Maschine in den Kauf genommen werden müssen.

Den kräftigsten Ansporn zur Verwendung der Koksgase zum Gasmotorenbetriebe haben die außerordentlichen Erfolge gegeben, welche man in den letzten Jahren mit den Gichtgasmotoren im Eisenhüttenwesen erzielt hat. Für die volkswirtschaftliche Bedeutung dieser neueren Verwendung der Gichtgase, welche früher in den Cowperapparaten und bei der Kesselheizung nur teilweise ausgenutzt werden konnten, spricht wohl am besten die Tatsache, daß nach dem mir vorliegenden Material von den bedeutenderen deutschen Firmen in den 3 letzten Jahren nicht weniger als 97 Großgasmotoren von 1000 PS und mehr mit zusammen 117 000 PS für diese Betriebskraft geliefert oder in Bestellung genommen wurden.

Nach Humphrey waren in Europa bereits im Jahre 1902 327 Großgasmaschinen mit einer Stärke von 181 605 PS im Betrieb oder Bau, von denen 228 dem Antriebe elektrischer Stromerzeuger dienten.

Welche ungeheuren Gas- und Kraftmengen der Eisenhüttenindustrie in Hochofengasen noch zur Verfügung stehen, geht aus folgender Betrachtung hervor. Nach Lürmann erzeugt ein Hochofen auf die Tonne Roheisen 4630 cbm Gas, von denen etwa 10 pCt. beim Gichten verloren gehen, sodaß noch ca. 4170 cbm verbleiben. Der Heizwert schwankt zwischen 700 und 1100, beträgt also im Mittel 900 WE. Für die Winderhitzung in den Cowperapparaten ist die Hälfte in Abzug zu bringen, sodaß noch 2085 cbm Gas für motorische Zwecke zur Verfügung stehen. Die Kraftmaschine benötigt pro Pferdekraftstunde etwa 3,5 cbm, in 24 Stunden also etwa 84 cbm Gas. Das Gichtgas liefert demnach im Dauerbetrieb pro t Ofenleistung $\frac{2085}{84} = \sim 24$ PS, Kraft genug nicht allein für die Hochofenbetriebsmaschinen (Gebläse, Gichtaufzüge usw.), sondern auch für die Transport- und Formgebungsmaschinen der Stahl- und Walzwerke, die Motoren der Werkstätten usw. Bedenkt man, daß die deutsche Roheisenerzeugung im letzten Jahre 10 Millionen Tonnen überschritten hat, und daß sich durch die Einführung des Gichtgasbetriebes eine Ersparnis bis zu 6 ℳ pro Tonne Roheisen erzielen lassen soll, so erscheint die volkswirtschaftliche Bedeutung dieses riesigen Fortschritts im rechten Lichte. Da diese Neuerung den Verbrauch der Hüttenwerke an Schürkohlen erheblich herabdrückt, wird sie manchem Kohlenbergmann sehr unwillkommen sein. Mit Unrecht! Wie die Einführung der kohlenersparenden Verhüttungsverfahren, des Bessemer- und Thomasprozesses, und der Eisenverarbeitung in einer Hitze, welche die rapide, mit einer außerordentlichen Steigerung des Brennstoffverbrauches verbundene Entwicklung unserer Eisenindustrie begründet haben, den Kohlenbergbau außerordentlich förderte, so wird der neueste Fortschritt im Hüttenwesen die Eisenerzeugung verbilligen, den Eisenverbrauch heben und sich beim Kohlenbergbau in einer vermehrten Nachfrage nach einem veredelten Produkte, dem Koks, äußern.

Die ersten Versuche mit der Gichtgasverwertung wurden von Thwaite in England und auf den Cockerillschen Werken in Belgien gemacht. Doch schritt die Einführung der neuen Betriebskraft in diesen Ländern verhältnismäßig langsam fort, während man auf den deutschen Hütten Motor nach Motor aufstellte und in raschem Zuge der 500 PS-Type, welche Ende der neunziger Jahre noch als Wunder angestaunt wurde, nach kaum zwei Jahren eine 1000 PS-Maschine folgen ließ. Gegenwärtig wird in der weltbekannten Maschinenfabrik von A. Borsig in Berlin ein Motor hergestellt, der in einem Zylinder 1900 PS, in der Zwillingsanordnung 3800 PS leisten und auf der Ausstellung in St. Louis der Welt den Ruhm der deutschen Gasmotorentechnik verkünden wird.

Für ihre Überlegenheit über die ausländische Konkurrenz spricht wohl am besten die Tatsache, daß die bedeutendsten französischen, englischen und amerikanischen Firmen Lizenzen der deutschen Konstruktionen erworben haben, und daß unser Export in Gasmotoren recht beträchtlich ist. Ein nicht minder großes Verdienst als den Konstrukteuren gebührt den deutschen Hüttenleuten, welche unbeirrt durch all die Schwierigkeiten, unter denen sich die Einführung der Gichtgasmotoren vollzog, ihnen durch die Schöpfung neuer Gasapparate, insbesondere zweckentsprechender Gasreiniger, das Feld geebnet haben.

Das Gichtgas wurde bisher fast ausschließlich zum Betriebe von elektrischen Generatoren und Gebläsen, also Maschinen mit geringem Anlaufmoment, benutzt. Neuerdings haben die von der Firma Fried. Krupp gemachten Versuche, die Gichtgasmotoren auch in den Dienst von Arbeitsmaschinen mit weniger vorteilhaften Arbeitsbedingungen, wie großen Belastungsschwankungen, zu stellen, gute Ergebnisse gezeitigt, sodaß die Verwendung von Gaskraftmaschinen zur direkten Betätigung von Walzwerken usw. gesichert erscheint.

Wenn schon das Gichtgas mit einem mittleren Heizwert von ∾ 900 WE gegenüber dem Koksofengas mit etwa 3200 WE und gar dem Leuchtgas mit ∾ 4800 WE ein armes Gas darstellt und man anfänglich überhaupt an der Möglichkeit zweifelte, aus dem ersteren noch Kraft zu gewinnen, so waren diese Bedenken bezüglich der Verwertung des ganz armen, kaum über mehr als 600 WE verfügenden Gichtgases der Kupferhütten um so berechtigter. Und doch hat auch hier schon der Erfolg die Zweifel beseitigt. Die Mansfeldsche Kupferschiefer bauende Gewerkschaft in Eisleben hat Versuche mit Verwertung der Kupferofengichtgase in Körtingschen Motoren angestellt, welche ergeben haben, daß sich selbst diese minderwertigen Abgase mit guter Ökonomie verwenden lassen. Die Gewerkschaft errichtet gegenwärtig eine größere Kraftzentrale zu ihrer Ausnutzung.

Einige Braunkohlenwerke stellten schon früher als die Eisenhütten die bei der Schwelerei gewonnenen, nicht kondensierbaren (permanenten) Gase, welche früher nur sehr schlecht verwertet werden konnten, in den Dienst der direkten Krafterzeugung. Der 250 pferdigen Motoranlage auf den Riebeckschen Montanwerken bei Oberröblingen, unweit Eisleben, welche 1898 in Betrieb gesetzt wurde und bis heute anstandslos arbeitet, ist eine andere auf den Werschen-Weißenfelser Werken bei Streckau gefolgt. Auch sie entspricht den gehegten Erwartungen voll und ganz.

Wie ein Kuriosum mutet die Tatsache an, daß man den alten bösen Feind des Steinkohlenbergmanns, die Schlagwetter, ebenfalls zur Krafterzeugung benutzt. Auf der neuen fiskalischen Grube im Rosseltale bei Saarbrücken liefern sie die Energie zum Betriebe eines 2 pferdigen Pumpenmotors. Die Wetter strömen aus Spalten, welche von einem Flöze zu Tage führen, aus und werden durch einen trichterartigen Blechbehälter gefaßt, dessen unterer Rand etwa 20 cm in den morastigen Boden eingetaucht und so gegen die Atmosphäre abgedichtet ist. Die Anlage erfordert mit Ausnahme des In- und Außerbetriebsetzens keinerlei Wartung und arbeitet zur größten Zufriedenheit.

Neben der Verwertung vorhandener Gase ist neuerdings die Vergasung von festen Brennstoffen minderwertiger Qualität zum Zwecke der Krafterzeugung in den Mittelpunkt des Interesses getreten. Als Rekord kann man auf diesem Gebiete die in Ausführung begriffene, im Glückauf bereits beschriebene Anlage zur Nutzbarmachung der Waschberge auf der Grube von der Heydt bei Saarbrücken *) bezeichnen.

Wir kehren nach dieser Abschweifung auf das Gebiet der Ausnutzung anderer Abfallgase wieder zu dem Koksofengase zurück und beschäftigen uns zunächst mit dessen Zusammensetzung, Heizwert und Reinigung.

---

*) Glückauf 1903, S. 1180.

Die Zusammensetzung und der Heizwert des Koksofengases.

Die Zusammensetzung des Koksofengases und der ihr entsprechende Heizwert wird in erster Linie durch die Beschaffenheit, den Feuchtigkeitsgrad usw. der verkokten Kohle, weiter aber durch das Stadium der Verkokung, die Temperatur, die Bemessung und den Zustand des Ofens, insbesondere auch durch Undichtigkeiten der Wände usw., beeinflußt. Recht interessante Versuche zur Feststellung der Veränderung des Gases mit der fortschreitenden Verkokung hat Schniewind*) an einem Otto-Hoffmann-Ofen der „United Coke and Gas Co." zu Glassport in Pennsylvanien gemacht, der aus einer Batterie von 30 Öfen ausgeschieden war. Sein Gas wurde besonders aufgefangen, während die Beheizung durch Gase der übrigen Öfen erfolgte. Die Versuchsbedingungen waren im übrigen folgende:

Versuchskohle.

Feuchtigkeitsgehalt		0,60 pCt.
Zusammensetzung nach der Analyse	C	75,10 „
	H	3,75 „
	N	1,51 „
	O + S	13,80 „
	Asche	5,84 „
		100,00 pCt.

Einsatzgewicht = 6620 kg feuchter, entsprechend 6170 kg trockner Kohle,

Verkokungsdauer . . . . 33 h 56'.

Versuchsofen

Abmessungen	Länge	10,00 m
	Höhe	1,78 m
	Breite	5,25 m
Temperatur		950—1070° C.

Versuchsergebnisse.

1. Ausbringen.

Koks	71,13 pCt.	
Teer	3,38 „	
Ammoniak	0,34 „	= 1,373 pCt. schwefelsauren Ammoniaks
Gesamtgasmenge	16,43 „	
Schwefelwasserstoff	0,48 „	
Schwefelkohlenstoff	0,07 „	
Wasser und Verlust	8,17 „	
	100,00 pCt.	

*) Eng. Min. J. 1898, S. 428 ff. — Stahl und Eisen 1899, S. 179 ff.

2. Mittelwerte der Analysen von Gasproben, welche alle 2 Stunden zwischen Gassauger und Skrubber entnommen wurden.

	Durchschnitt während der		Mittel zwischen I und II
	ersten 14h 40′ I	letzten 19h 10′ II	
H . . . . pCt.	38,4	50,5	44,5
CH_4 . . . . . . „	38,7	29,2	33,9
CO . . . . „	6,1	6,3	6,2
Cm Hn . . . . „	5,2	2,4	3,8
CO_2 . . . . . . „	3,6	2,2	2,9
O . . . . „	0,3	0,3	0,3
N . . . . „	7,7	9,1	8,4
	100,0	100,0	100,0

3. Spezifisches Gewicht . . . 0,510 } stündlich
4. Leuchtkraft . . . . 14,7 Kerzen } festgestellt.

Die analytischen Ermittlungen über die Bildung der Gase in den verschiedenen Stadien der Verkokung werden durch die graphische Darstellung (Fig. 1) veranschaulicht.

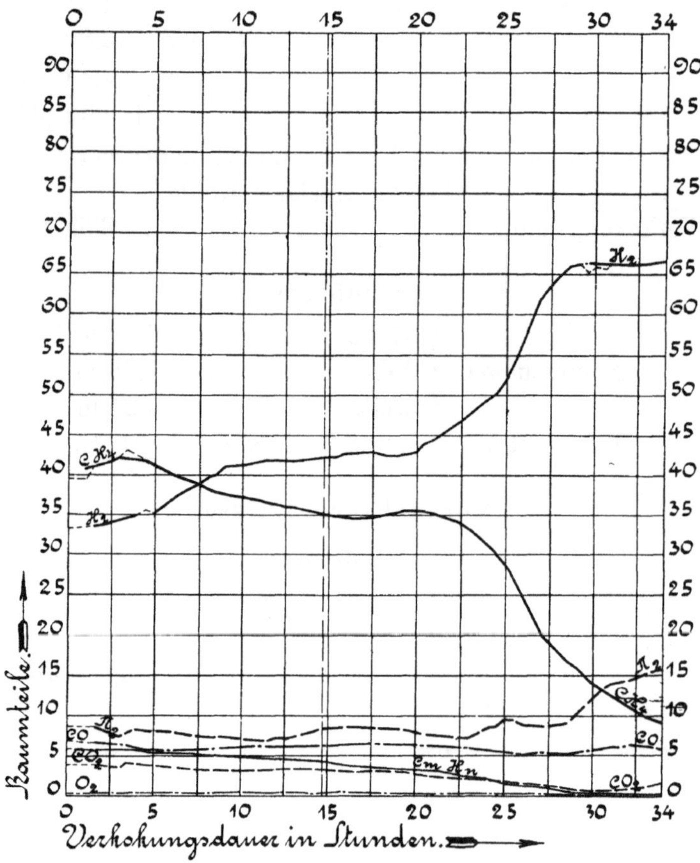

Fig. 1.

Graphische Darstellung der Gasentwicklung während einer 34stündigen Verkokung.

Die Schaulinien zeigen, wie der Wasserstoffgehalt sich langsam hebt und von der 20. Stunde ab sehr stark ansteigt, während die Methankurve den entgegengesetzten Weg einschlägt. Die Schaulinien für O und CO weisen dagegen nur geringe Schwankungen auf, die des Stickstoffs verläuft wieder unruhiger und geht gegen das Ende des Ofenumtriebes, wahrscheinlich infolge des Eindringens von Luft, über 15 pCt. hinauf. Die Entwicklung der Kohlensäure und schweren Kohlenwasserstoffe, anfänglich 4 bezw. 6,5 pCt., verringert sich mit der fortschreitenden Garung ganz allmählich bis auf 1 pCt. Das geringfügige Ansteigen der CO_2-Kurve nach Beendigung der Garung ist zweifellos auch auf das Eindringen von Luft zurückzuführen.

Der Verlauf der Gasentwicklung weicht bei Kohlen anderer Herkunft von dem bei der amerikanischen Kohle beobachteten nur wenig ab. Bunte*) hat Kohlen der westfälischen Zeche Consolidation während der verschiedenen Stadien der Entgasung in der Retorte untersucht und ist dabei zu folgenden Resultaten gekommen.

Gasausbringen in Volumen-Prozenten bei der Destillation einer Kohlenprobe von Consolidation:

	I	II	III	IV	V	VI Mischprobe
H	37,1	48,9	53,5	58,2	61,1	48,9
CH_4	45,4	36,9	34,2	29,6	27,6	35,8
CO.	8,3	7,4	6,8	6,6	6,7	7,2
CmHn . . .	6,0	4,2	2,4	1,4	1,2	3,2
CO_2	1,8	2,0	1,1	0,7	0,7	1,2
N	1,4	0,6	2,0	3,5	2,7	3,7
	100,0	100,0	100,0	100,0	100,0	100,0

Der geringere Stickstoffgehalt erklärt sich aus dem Fehlen von Undichtigkeiten bei der Retorte, welche ein höherwertiges Gas liefert wie der Koksofen.

Auf Zeche Mathias Stinnes**) wurden Untersuchungen zur Bestimmung der wechselnden Zusammensetzung des von Otto-Öfen neuesten Systems mit Unterheizung und ohne Vorwärmung der Verbrennungsluft gelieferten Gases unter folgenden Bedingungen ausgeführt:

Temperatur in den Wandkanälen der Öfen: unten 1250 °C,
„ „ „ „ „ „ oben 1050 °C.
Wassergehalt der Kohle . . . 13,5 pCt.
Aschen- „ „ „ . . . 7,5 „
Stickstoff- „ „ „ . . . 1,47 „
Einsatzmenge an trockner Kohle 6200 kg
Garungsdauer . . . . 32 h.

Ausbeute { Koks . . . . 73 pCt.
Teer . . . . 4 „
Schwefelsaures Ammoniak 1,5 „

*) St. u. E. 1899, S. 615.

**) Journal für Gasbeleuchtung und Wasserversorgung 1899, S. 241 ff.

Die Ergebnisse der — abgesehen von der ersten — in zweistündlichen Pausen ausgeführten Analysen von Gasproben sind in den Schaulinien der Fig. 2 wiedergegeben.

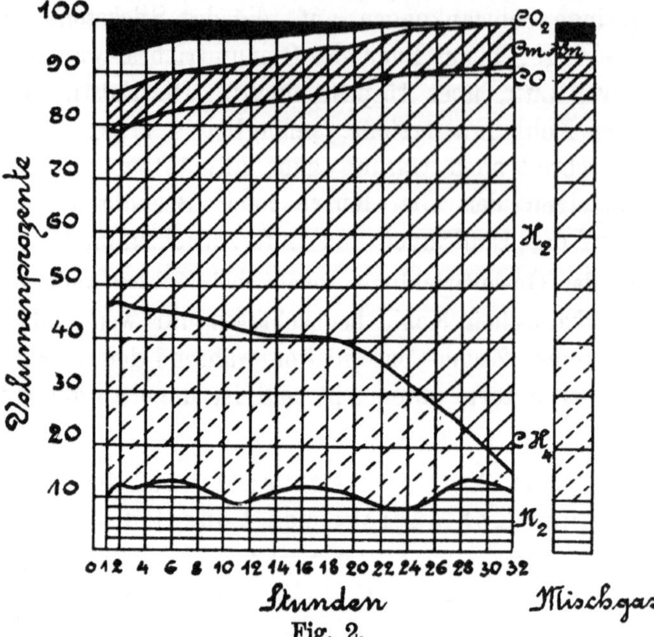

Fig. 2.

Darstellung der wechselnden Zusammensetzung des Koksofengases von Zeche Mathias Stinnes.

Nachstehend seien noch Analysen von Gasproben gegeben, welche den Kokereien der westfälischen Zechen Shamrock und Von der Heydt, bezw. des Eschweiler Bergwerksvereins im Aachener Bezirk entstammen. *)

1. Analyse einer Koksgasprobe der Zeche Shamrock.

	6 h nach der Füllung	12 h nach der Füllung
Vol.		
H . . . . pCt.	39,7	40,5
CH_4 . . . . „	33,0	33,1
Cm Hn . . . . „	3,3	2,4
CO . . . . „	4,4	5,0
CO_2 . . . . „	2,8	2,5
N . . . . „	16,8	16,5
Heizwert WE	4765	4596

2. Analyse einer Koksgasprobe der Zeche Von der Heydt.

A bei normalem Betrieb, B ohne Schlußstein.

	Nach einer Betriebsdauer					
	von 6 h		von 7 h		von 11 h	
	A	B	A	B	A	B
Vol.						
H . . . . . . pCt.	42,4	48,8	35,4	43,4	45,6	51,3
CH_4 . . . . „	28,3	29,6	21,1	23,3	25,9	28,1
Cm Hn . . . „	1,8	1,4	0,8	0,6	0,7	0,9
Co . . . . . „	4,9	5,1	5,2	4,9	4,9	5,3
CO_2 . . . . „	1,2	0,6	2,4	1,6	1,0	0,6
N . . . . . . „	20,7	14,2	34,5	25,5	45,6	51,3
Heizwert WE . . .	4089	4275	3063	3401	3703	4099

*) v. Ihering, die Gasmaschinen, S. 32 ff.

3. Analyse einer Koksgasprobe der Grube Nothberg des Eschweiler Bergwerksvereins.

	Gas aus der Vorlage eines Otto-Hoffmann-Ofens	Gas aus der Vorlage eines Ruppert-Ofens
Vol.		
H . . . . pCt.	35,7	45,7
CH_4 . . „	23,2	21,4
CmHn . „	1,5	1,6
CO . . . „	5,5	8,2
CO_2 . . . „	3,2	2,7
N . . . . „	31,2	20,4
Heizwert WE	3356	3638

Die bei den Versuchen Schniewinds festgestellte Veränderung der Heizkraft, des spezifischen Gewichtes und der Leuchtkraft des Koksofengases ist in dem Diagramm (Fig. 3) veranschaulicht.

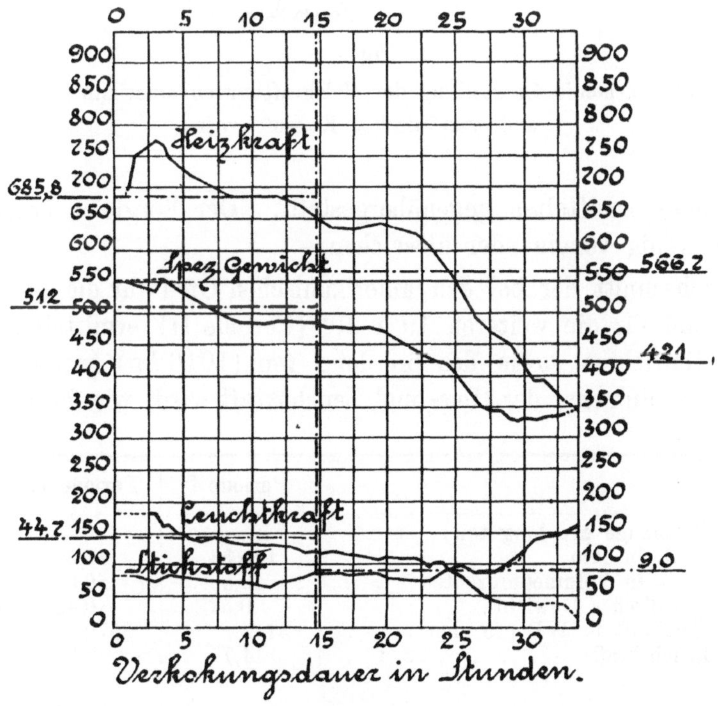

Fig. 3.

Graphische Darstellung der Veränderungen der Heiz- und Leuchtkraft, des spez. Gewichtes und des Stickstoffgehaltes von Koksofengas während eines 34stündigen Ofenumtriebes.

Das merkwürdige Ansteigen der Schaulinien für Heizkraft und spezifisches Gewicht am Anfang ist wohl auf die verstärkte Entbindung von CH_4 und den gleichzeitigen Abfall der Stickstoffentwicklung (s. Fig. 1) zurückzuführen.

Von der dritten Stunde an gehen Heizkraft und spezifisches Gewicht entsprechend dem Verhalten der CH_4-, H- und N-Kurve in Fig. 1 langsam zurück. Von der 23. Stunde ab beginnt die Schaulinie der Heizkraft einen steileren Abfall, während die des spezifischen Gewichtes sich allmählich abwärts bewegt. Ähnlich wie die letztere verläuft die Kurve der Leuchtkraft, welche sich am Ende der Garung der Nullabszisse außerordentlich nähert.

Die Heizkraftkurve des amerikanischen Gases ist in Fig. 4 der auf Zeche

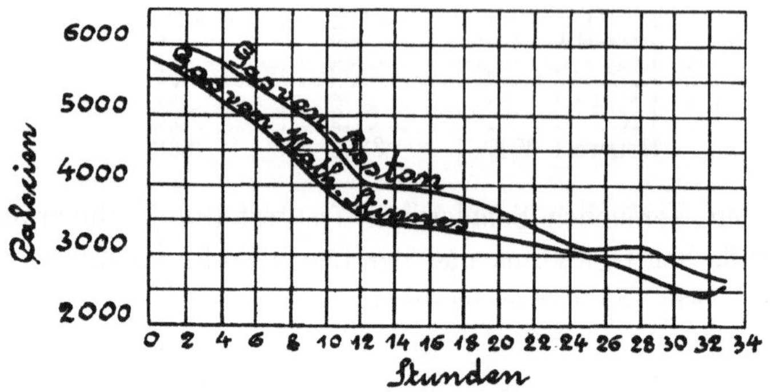

Fig. 4.
Vergleichende Darstellung der Heizkraftkurven amerikanischen und westfälischen Koksofengases.

Mathias Stinnes ermittelten gegenübergestellt. Der Vergleich ergibt, daß die Kurven nur wenig voneinander abweichen.

Der Durchschnitt der bei den amerikanischen Öfen für die ersten 14 h 46′ (Periode I) und für die weiteren 19 h 10′ (Periode II) ermittelten Werte des spezifischen Gewichtes sowie des pro long ton (1016 kg) getrockneter Kohle erhaltenen Gasvolumens, der Heiz- und Leuchtkraft wird, wie folgt, angegeben:

	Periode I	Periode II
Gasmenge pro long ton:		
1. in cbm	145,54	148,59
2. in Volumenprozenten . .	49,5	50,5
Spezifisches Gewicht	0,512	0,421
Heizkraft in WE pro cbm . . .	3113	2572
Leuchtkraft	14,7	9,0

Die Schaulinien der graphischen Darstellung (Fig. 5) geben die Schwankungen des pro long ton erzeugten Gasvolumens und seiner Heizkraft an.

Die Werte der Heizkraft sind in B. T. U. = British Thermal Units (1 B. T. U. = 0,4536 WE) angegeben.

Aus diesen Feststellungen ergibt sich, daß der Wert des Gases in den beiden Perioden sehr verschieden ist. Während sich das Reichgas der ersteren sehr gut für Beleuchtungszwecke verwenden läßt, erfordert das Armgas der zweiten eine starke Aufbesserung durch Karburation. Da sich natürlich das höherwertige Gas auch für den Motorenbetrieb besser eignet als das ärmere, will man auf Zeche Mathias Stinnes für den Gasmotorenbetrieb nur das Gas der ersten Periode verwenden, während das der zweiten ausschließlich der Ofenheizung dienen soll. Man hat deshalb die Einrichtung der Kokerei so getroffen, daß die einzelnen Öfen je nach dem Stand der Garung mit einer Reich- und Armgasleitung verbunden werden können, und für die beiden Gasarten vollkommen getrennte Kondensations- und Reinigungseinrichtungen vorgesehen.

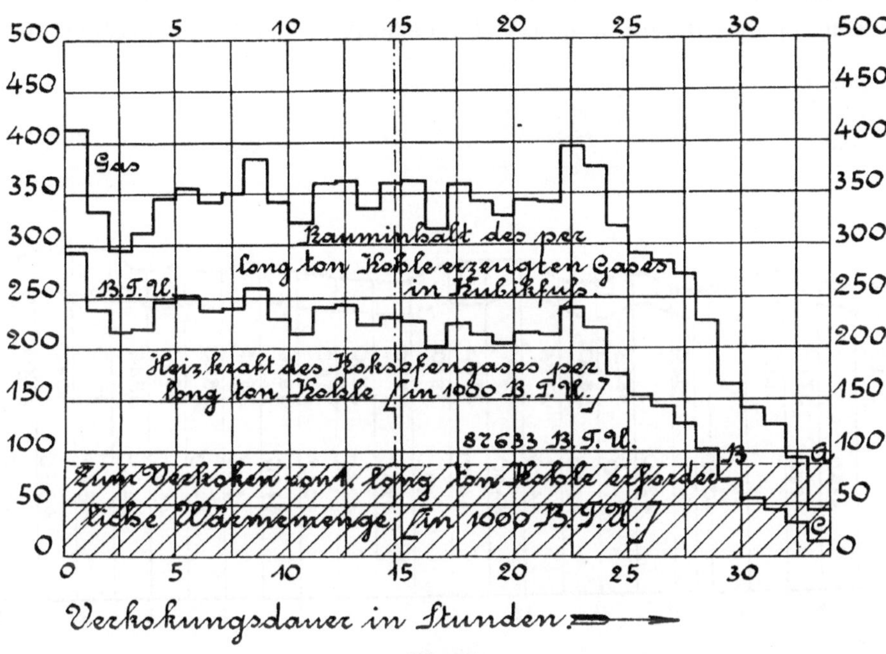

Fig. 5.

Graphische Darstellung der Schwankungen des Gasvolumens und der Heizkraft des Koksofengases während eines 34stündigen Umtriebes und der zur Ofenheizung erforderlichen Wärmemenge.

Ein gewisser Ausgleich des starken Wechsels von Heizwert und Ausbringen, dem die Gase eines Ofens unterworfen sind, findet in dem Abzugskanal einer Batterie durch die Vermischung mit den flüchtigen Produkten der anderen, in den verschiedensten Stadien der Verkokung stehenden Öfen statt. Doch lassen sich die Schwankungen des Heizwertes nie ganz unterdrücken, wie das in Fig. 6 gegebene Diagramm der Heizwertveränderungen einer Koksofenbatterie zeigt.

Die einzelnen Heizwertbestimmungen wurden an dem Gasstrom von 60 Pötteröfen, welche mit englischer Dumpfield-Kohle beschickt waren, durch fortgesetzte Kalorimetrierung in halbstündigen Pausen ausgeführt.

Je größer die Kokerei ist, umso weniger wird sich der Einfluß der einzelnen Öfen geltend machen. Immerhin muß auch dort alles aufgeboten werden, um den Heizwert möglichst auf gleicher Stufe zu halten. Diesem

Ziele wird man durch gleichmäßige Mischung der Kokskohle und genaue Regelung der Einsatzzeiten nahe kommen. Gute Dienste leisten auch weit bemessene Gasbehälter, welche den Ausgleich fördern. Die dann noch verbleibenden kleineren Schwankungen werden durch die Vorrichtungen zur Gemisch- oder Gaszutrittsregulierung am Motor nivelliert.

Die Zahl und Größe der bisher ausgeführten Anlagen zur direkten Krafterzeugung aus Koksgas ist im Verhältnis zu der weiten Verbreitung mächtiger Gichtgasmotoren recht bescheiden. Das deutet in Verbindung mit dem Umstande, daß die Koksgaskraftmaschine älter ist als die mit Hochofengas betriebene, einmal darauf hin, daß die Bedeutung der Koksgasverwertung auf

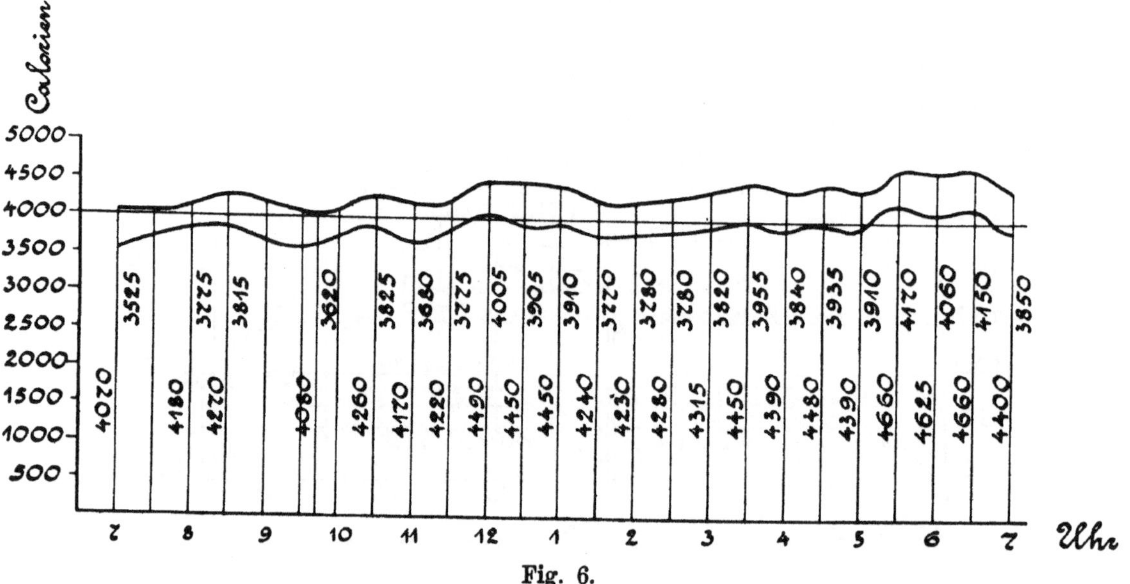

Fig. 6.
Diagramm der Heizwertschwankungen während eines Tages, aufgenommen auf der Kokerei der Schleswig-Holsteinischen Kokswerke in Rade bei Rendsburg.

diesem Wege nicht in ihrem vollen Umfange gewürdigt wurde, läßt aber auch andererseits erkennen, daß technische Schwierigkeiten vorhanden waren, welche der Einführung dieser Betriebskraft ein langsames Tempo aufzwangen.

Die ältesten Koksofengaskraftmaschinen dürften die Motoren auf den Kokereien Altenwald im Saarrevier (12 PS) und Skalley (60 PS) in Oberschlesien sein, welche seit einem Jahrzehnt in Betrieb stehen. Auch der Ruhrbezirk weist auf den Zechen Dannenbaum, Mansfeld, Lothringen usw. eine Reihe von kleineren, meistens zum Betriebe der Nebenproduktenfabrik bestimmten Motoren auf, welche schon mehrere Jahre laufen.

Die Anlagen von größerer Bedeutung gehören samt und sonders der neuesten Zeit an. Im Saarrevier arbeitet seit 1901 auf der Stummschen Kokerei zu Neunkirchen ein 200 pferdiger Motor, ausgeführt von der Nürnberg-Augsburger Maschinenfabrik, von Anfang an zur größten Zufriedenheit. Von den westfälischen Zechen hat als erste Mathias Stinnes den Versuch gemacht, das Koksgas in Großmotoren auszunützen. Es gelangten dort im Jahre 1901

3 von der Firma F. Krupp, Grusonwerk, gebaute Maschinen von je 300 PS zur Aufstellung, welche wegen vorhandener Schwierigkeiten, vor allem Mangel an Gas, bisher nicht dauernd in Betrieb genommen werden konnten und erst nach dem weiteren Ausbau der Kokerei ihre Tätigkeit aufnehmen sollen. Die Gelsenkirchener Bergwerks-Aktiengesellschaft beschaffte ein Jahr darauf hauptsächlich für Versuchszwecke für die Zeche Minister Stein einen 125pferdigen Motor, System Deutz. In neuester Zeit hat die Zeche Lothringen ihren vorhandenen kleineren Motoren (8 bezw. 50 PS.) einen 350pferdigen hinzugefügt. Schon vom nächsten Jahre ab wird das Ruhrrevier eine führende Stellung in der Bergwerksmaschinentechnik auch auf diesem Gebiete einnehmen, da eine Reihe von Kokereigasmotoren in der Ausführung begriffen bezw. in Bestellung gegeben sind. Nähere Daten über die Größe und das System der Maschinen gibt die nachstehende Tabelle.

Zeche	Motoren				
	System	Lieferant	Anzahl	Stärke eines Motors PS	Gesamtstärke der Anlage
Minister Stein	Oechelhäuser	Ascherslebener Masch.-Fabr.	1	500	1000
	Nürnberg-Augsburg	Nürnberg-Augsburger Masch.-Fabr.	1	500	
Consolidation	„	„	2	650	1300
Anna, Kölner Bergwerksverein	Oechelhäuser	Ascherslebener Masch.-Fabr.	1	550	550
König Ludwig	Nürnberg-Augsburg	Friedrich-Wilhelmshütte, Mülheim a. d. Ruhr	1	550	550
Lothringen	„	„	1	350	350
Graf Moltke	Körting	Gebr. Körting, Hannover	1	475	475
Shamrock III/IV	Nürnberg-Augsburg	Masch.-Fabr. Haniel & Lueg	1	800	800
Minister Achenbach	Deutz	Gasmotorenfabrik Deutz	1	250	250
			10		5275

Vier größere Motoren, System Nürnberg-Augsburg, mit zusammen 3200 PS, kommen auf der Grube Anna des Eschweiler Bergwerksvereins im Aachener Revier zur Aufstellung.

In einem 2jährigen Betriebe sehr gut bewährt hat sich die aus 3 Deutzer Motoren von je 225 PS bestehende Kraftanlage der Schleswig-Holsteinischen Kokswerke zu Rade bei Rendsburg, welche vor mehreren Wochen wegen ungünstiger Geschäftsergebnisse zum Erliegen gekommen sind.

	Betrieb	Motor						Anlage				
		System	Anordnung	Leistung								
				Zylinder								
				Durchm. mm	Hub mm	Zahl der Umdreh. i. d. Min.	Leistung i. PS	Zahl der Motoren	Gesamtleistung in PS	Errichtet im Jahre	Die Motoren betätigen	Bemerkung
1.	Kokerei Neunkirchen der Gebr. Stumm	Nürnberg-Otto	Einfacher Viertaktmotor	700	850	120	242	1	200	1901	ein Hochofengebläse	
2.	Minister Stein	Deutz	„				125	1	125	1902	die Maschinen der Nebenproduktenfabrik	
3.	Schleswig-Holsteinische Kokswerke	„	Viertaktmotor			180	225	3	775	1902	durch elektrische Kraftübertragung die sämtlichen Maschinen der Wäsche, Verladung, Kokerei und Nebenproduktenfabrik.	zwei Motoren in Betrieb, 1 in Reserve.
4.	Julienhütte	Körting	„	620	800	140	300	4	1200		durch elektrische Kraftübertragung die Maschinen der Kokerei, Kondensation und einige Hüttenmaschinen.	3 Motoren in Betrieb, 1 in Reserve.
5.	Borsigwerk	Oechelhäuser	Zweitaktmotor	675	950	109	740	1	740		ein Hochofengebläse für 400 cbm Luft in der Minute.	
6.	Theresienschacht	Berlin-Anhalter Maschinenfabrik	Zwillings-Viertaktmotor	670	750	150	300	3	900	1901	durch elektrische Kraftübertragung die Maschinen der Kokerei und Kondensation, außerdem findet Stromabgabe an die Grube statt.	zwei Motoren in Betrieb, 1 Motor u. eine Dampfmaschine in Reserve.
7.	Karolinenschacht	Delamare-Deboutteville (Cockerill)	„	630	900	128	200	1	200		einen Drehstromgenerator mit Erregermaschine.	
8.	Johannesschacht	Reichenbach	4 zylindriger Viertaktmotor				720	1	720	1901	„ „ „	
								15	4860			

In Oberschlesien finden wir 2 große Koksgaskraftanlagen, eine auf der Julienhütte bei Beuthen mit 4 Körting-Motoren von je 300 PS und eine auf dem Borsigwerk mit einem von A. Borsig in Tegel bei Berlin gelieferten Oechelhäuser-Motor von 500 PS.

In Österreich verfügt der Ostrau-Karwiner Bezirk über 3 mit Koksofengas betriebene Kraftanlagen. Die größte auf dem Theresienschacht bei Mährisch-Ostrau umfaßt 3 Motoren der Berlin-Anhalter Maschinenfabrik mit je 300 PS Leistung. Die Besitzer des Theresienschachtes, die Witkowitzer Eisenwerke, haben bei der Gasmotorenfabrik Deutz 2 weitere 600pferdige Motoren bestellt. Auf dem benachbarten Karolinenschacht derselben Gesellschaft betätigt ein von der Maschinenfabrik Breitfeld, Daněk & Cie. in Prag gelieferter 200 PS-Koksofengasmotor, System Delamare-Deboutteville, die elektrische Zentrale. Dem gleichen Betriebszwecke dient ein 600 PS-Motor, System Reichenbach, erbaut von der Berlin-Marienfelder Motorfahrzeugfabrik A.-G., auf dem Johannesschacht der Gräflich Larisch-Mönnichschen Bergverwaltung zu Karwin.

Nähere Angaben über die Bemessung, die Anordnung und den Betriebszweck der verschiedenen im Betriebe befindlichen größeren Motoren macht die vorstehende Tabelle auf Seite 16.

Über die Gasverhältnisse liegen für 5 dieser Anlagen Daten vor, die in der folgenden Tabelle zusammengestellt sind:

		Kokerei				
		Gebr. Stumm	Julienhütte	Borsigwerk	Theresienschacht	Johannesschacht
Zahl und System der Öfen		30 Unterbrenneröfen	300 Regenerativöfen System Otto	76 Regenerativöfen	120 Regenerativöfen	
Zusammensetzung des Gases	H	43,9	35,2—40,8	42 —48,08	27 —46	40,1
	CH_4	26,6	18,6—19,02	18,43—20,3	14 —29	22,8
	CO	7,0	12,6—13,4	10,2 —11,84	4 — 5,2	9,0
	CmHn Schwere Kohlenwasserstoffe	3,0	0,4— 1,4	1,8 — 2,63	1 — 2,0	1,6
	CO_2	3,5	2,3— 4,0	4,9 — 5,3	4,2— 5,0	5,7
	O	0,3	1 — 1,2	0,2 — 0,4	0,3— 1,2	0,6
	N	15,4	26,3—26,6	15,89—18,69	20 —40	20,2
	S	—	—	Spur	0,25	—
Mittlerer Heizwert in Wärmeeinheiten		4200—4900	2800—3600	3600	2700—3200	

Eine mittlere Kokerei von 80 Öfen mit 7 t Kohleneinsatz und einer Garungsdauer von 32 Stunden liefert bei einem Gasausbringen von 200 cbm pro Tonne in der Stunde $\frac{80 \times 7 \times 200}{32} = 3500$ cbm Gas. Davon sind, unter Annahme eines Verbrauches von 70 pCt. für die Beheizung der Öfen, 1150 cbm für Kraftzwecke verfügbar. Da die Motoren pro Pferdekraftstunde 0,700—0,900, im Mittel also etwa 0,800 cbm Gas verbrauchen, genügt der Gasüberschuß für eine Kraftanlage von $\frac{1150}{0,80} = 1437$ PS.

Die Reinigung des Koksofengases.

Allgemeines.

Für einen wirtschaftlichen Betrieb von Motoren ist die Befreiung des Gases von Teer, Ammoniak, Cyan und Schwefel eine Vorbedingung. Die Kondensation von Teer und Ammoniak in den normalen Apparaten der Nebenproduktenfabriken genügt, wie die Erfahrungen auf Zeche Minister Stein und auf anderen Werken ergeben haben, nicht, um dem Gase den notwendigen Grad der Reinheit zu geben, sondern es hat sich bei den bisher bestehenden Einrichtungen eine gründliche Nachreinigung des aus der Ammoniak- und sogar des aus der Benzolfabrik austretenden Gases erforderlich gezeigt. Das rohe Gas setzte in kurzer Zeit in den Motoren so viel Schmutz ab, daß der Betrieb unterbrochen werden mußte. Deshalb bedeutet auch die Verwendung billiger, aber ungenügender Reinigungsapparate auf die Dauer alles andere als eine Ersparnis. Die Summe, die an der Reinigung erübrigt wird, steht in keinem Verhältnis zu den Verlusten an Zeit und Geld, welche Betriebsstörungen und die Verringerung der Gebrauchsdauer der Motoren verursachen.

Infolgedessen sind die Anlage- und Betriebskosten der Reinigungsanlagen für die Wirtschaftlichkeit des Gasmotorenbetriebes von der allergrößten Bedeutung. Die Anforderungen, welche an die Nachreinigung des Kraftgases zu stellen sind, schwanken ihrerseits wieder nach der Art der Kondensationsvorrichtungen. Daher erscheint eine Betrachtung der neueren Entwicklung der Kondensationsapparate zur Beleuchtung der Reinigungsfrage unerläßlich.

Bekanntlich wird der größte Teil der in dem Gase enthaltenen kondensierbaren Bestandteile, Teer und Ammoniak, durch eine stufenförmig fortschreitende Abkühlung in Luft- und Wasserkühlern niedergeschlagen, während ein kleinerer Teil erst durch die Waschung entfernt wird, die auch mit einer weiteren Erniedrigung der Gastemperatur verbunden ist. Zur vollständigen Beseitigung der Teerbeimengungen nimmt man meistens noch eine trockne Reinigung in Teerscheidern, Pelouze-Audouin-Stoßapparaten und Sägemehlfiltern usw. zu Hilfe. Die dem Gase beigemischten Schwefel- und Cyandämpfe werden durch chemische Bindung an Eisenoxyde oder Eisenlösungen entfernt. Das im Gase enthaltene Naphthalin stört den Kondensationsbetrieb sehr häufig dadurch, daß es die Rohrleitungen verstopft oder sich auf den Flächen der Kühlapparate absetzt und deren Wirkung beeinträchtigt.

Die Gaskühlapparate.

Für den Erfolg der Reinigeranlagen und daher für die Betriebssicherheit der Motoren ist eine richtige Bemessung und Anordnung der Gaskühler von der größten Bedeutung. Die Kühlung des von den Öfen kommenden Gases soll allmählich, aber stetig vor sich gehen, weil sonst leicht Betriebsstörungen durch Naphthalinausscheidung oder eine Verringerung des Gaswertes durch die Zersetzung hochwertiger Kohlenwasserstoffe eintreten könnten.

Die Gase treten nach dem Verlassen der Öfen zunächst in die Vorlagen und von dort in die Luftkühler, welche die Gastemperatur von etwa 280^0 auf 100—70^0 herabsetzen und dabei einen großen Teil des Teeres ausscheiden.

Eine der einfachsten Formen der Luftkühler sind die Ringkühler (Fig. 7). Bei diesen fällt das Gas in einem ringförmigen Raum herab, der durch den Einbau eines engeren Blechzylinders in einen weiteren geschaffen ist. Die Kühlluft bespült die Außenfläche des äußeren und die Innenfläche des inneren Zylinders, erwärmt sich dabei und wird in die Höhe getrieben. Luft und Gas

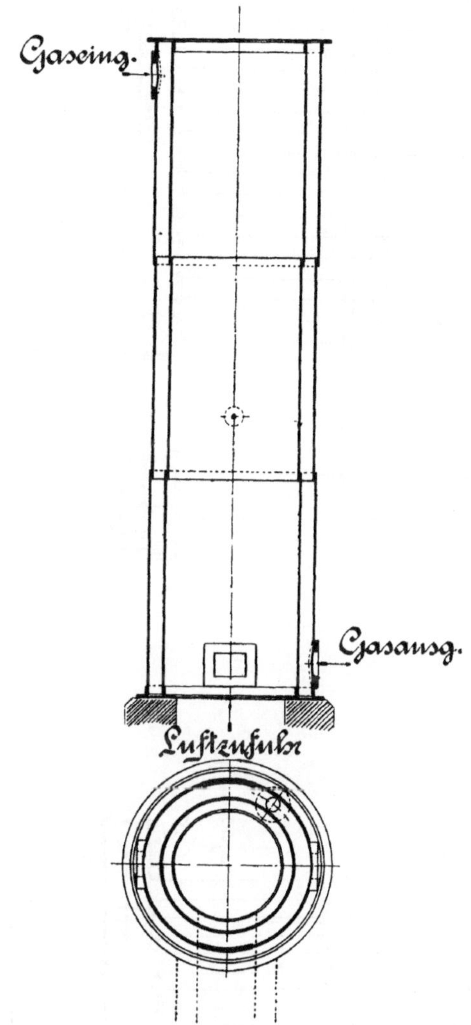

Fig. 7.

Ringluftkühler der Kölnischen Maschinenbau-A.-G., Köln-Bayenthal.

fließen also im Gegenstrome aneinander vorbei. Zur Entfernung des ausgefallenen Teeres, Kohlenstaubes usw. ist am Fuße des Zylinders in der Höhe des Gasausganges eine Putztür angebracht. Die größeren Typen der Ringkühler werden zur Erhöhung der Kühlfläche in zwei Räume geteilt. In dem einen steigt das Gas auf, in dem anderen fällt es herab.

Um eine zu große Bemessung der einzelnen Luftkühler zu vermeiden, schaltet man die Apparate auf den Kokereien gewöhnlich zu zweien parallel und dann in 2 bis 3 Gruppen hintereinander.

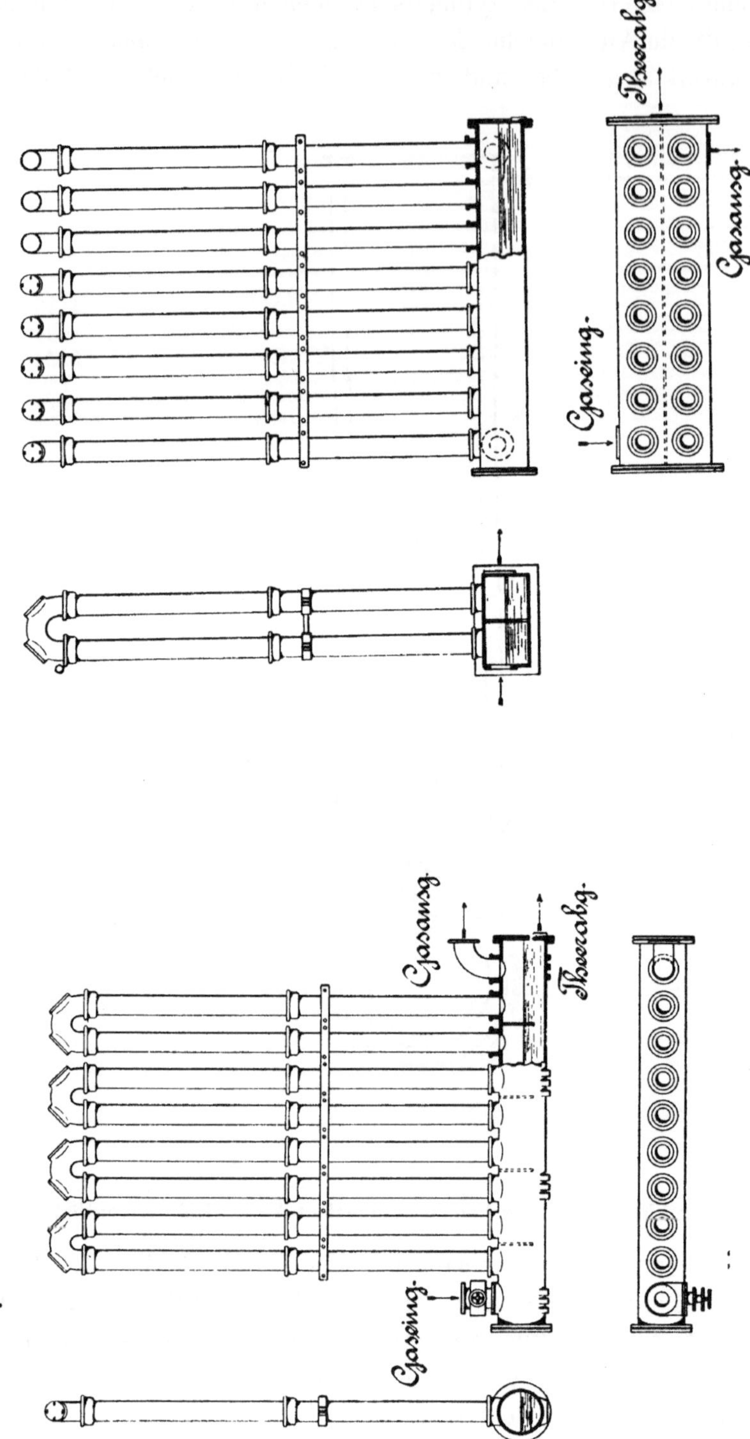

Fig. 8.

Fig. 9.

Röhren-Luftkühler der Kölnischen Maschinenbau-A.-G.

Bei einer anderen Ausführung, den sogen. Pariser Luftkühlern, wird das Verhältnis des Fassungsraumes zu der Kühlfläche durch die Benutzung senkrechter, an den Kopfenden durch ∩-Krümmer verbundener Röhren als Kühlkörper sehr günstig gestaltet (Fig. 8 u. 9).

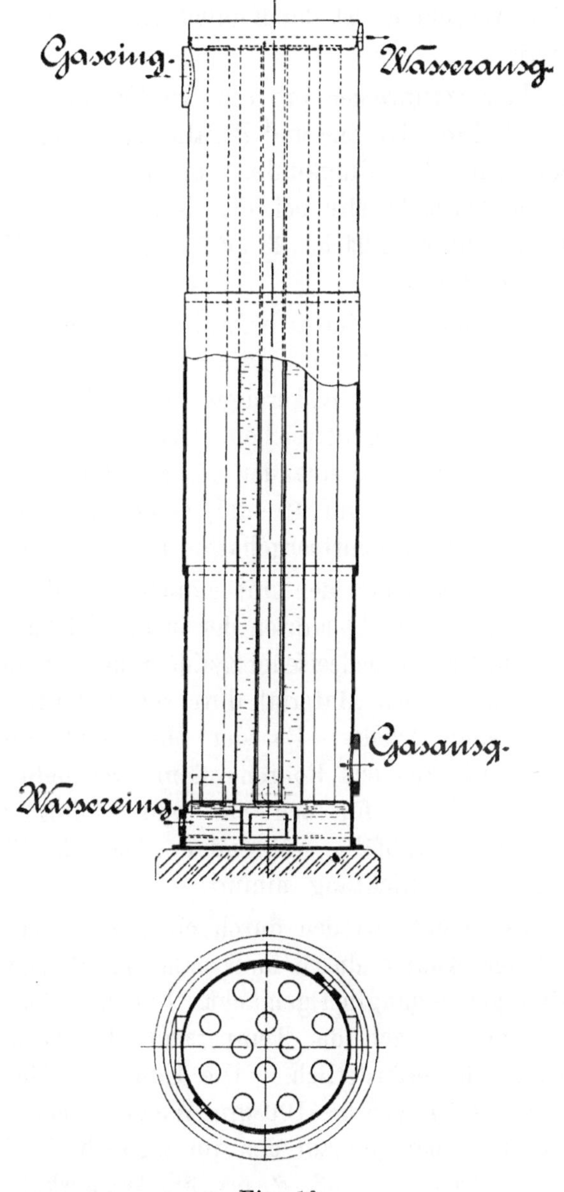

Fig. 10.
Wasserkühler mit vertikalen Röhren.
Ausgeführt von der Kölnischen Maschinenbau-A.-G.

Das Gas tritt zunächst in einen horizontalen Sammelzylinder oder -kasten, auf dem die Röhren stehen. In dem Behälter sind entweder zwischen den einzelnen Rohrpaaren oder zwischen den linken und rechten Schenkeln der ∩-Röhren Scheidewände angebracht, die mit ihren unteren Enden in das den Sammelbehälter zur Hälfte ausfüllende Teerbad tauchen. In der Querstellung (Fig. 8) zwingen sie den Gasstrom, nacheinander alle Rohre zu passieren, während der Längsscheider in Fig. 9 das Gas in parallele Teilströme zerlegt, von denen jeder nur durch ein Rohrpaar streicht.

Bei der ersteren Anordnung ist der Kühleffekt, bei der letzteren der Gasdurchgang weit größer.

Diese Röhrenkühler verursachen pro qm Kühlfläche etwa 25 ℳ Anlagekosten. Sie lassen sich durch Hinter- und Parallelschaltung einzelner Elemente in jeder Größe herstellen. Die Ringkühler werden bis zu 100 qm Kühlfläche ausgeführt und kosten beispielsweise bei der Kölnischen Maschinenbau-A.-G. je nach der Größe pro qm Kühlfläche 23 ℳ (bei 100 qm Kühlfläche) bis zu 43 ℳ (bei nur 7,5 qm Fläche).

Eine weitere Abkühlung des Gases erfolgt gewöhnlich in 7—8 m hohen, meistens hintereinander geschalteten zylindrischen Eisenblechgefäßen von 1,5—2 m Durchmesser, welche die Kokereigase zum Absetzen des Teeres nach dem Passieren der Luftkühler durchstreichen. Aus diesen Teerscheidern treten sie dann in die bis zu 3—5 hintereinander geschalteten Wasserkühler, welche die Temperatur von 100—70° C auf 40—25° C herabsetzen und bei normalen Anlagen bis zu 25 pCt. des Gesamtteergehaltes niederschlagen.

Auf den Kokereien ist neben den mit einfachen Kühlwänden versehenen oder durch Streudüsen berieselten Apparaten der in Figur 10 abgebildete Wasserkühler am verbreitetsten, ein schmiedeeisener Zylinder, der von einer großen Anzahl vertikaler Röhren aus demselben Material durchzogen wird. Die Röhrenenden sind in zwei Böden eingebördelt. Da der oben und unten verschlossene Gehäusezylinder höher ist als das Röhrensystem, verbleibt über und unter dem letzteren ein freier Raum für den Zu- und Abfluß des Kühlwassers, welches durch die Röhren herabfällt, während das Gas, die Röhren umspülend, seinen Weg in umgekehrter Richtung nimmt.

Die Kondensationsprodukte werden durch einen Teerablauf hinweggeführt. Zur Reinigung wird der Kühler durch zwei nahe am Boden in das Gehäuse eingelassene Putzöffnungen zugänglich gemacht. Für die Kühlung von 100 cbm Gas in 24 Stunden sind je nach der Temperatur des vorhandenen Wassers 1,0 bis 1,6 qm Kühlfläche erforderlich. Die Kölnische Maschinenbau-A.-G. führt die Apparate in Größen von 5—100 qm Wasser- bezw. 6—32 qm Luftkühlfläche aus. Ihr Preis, bezogen auf den qm wasserberieselter Fläche, fällt mit der zunehmenden Größe von 93 ℳ pro qm Wasserkühlfläche bei einem Apparat von 6 qm bis auf 31 ℳ pro qm bei einem solchen von 100 qm.

Bei dem Röhrenkühler, System Reutter, der sich auf einer größeren Anzahl von Gaswerken im Betriebe befindet, wird neben dem Hauptzweck eine teilweise Reinigung des Gases durch Berieselung mit Ammoniakwasser erreicht. Wie die Figuren 11—14 zeigen, umschließt ein Blechgehäuse von viereckigem Querschnitt eine Reihe übereinander angeordneter, kasten-

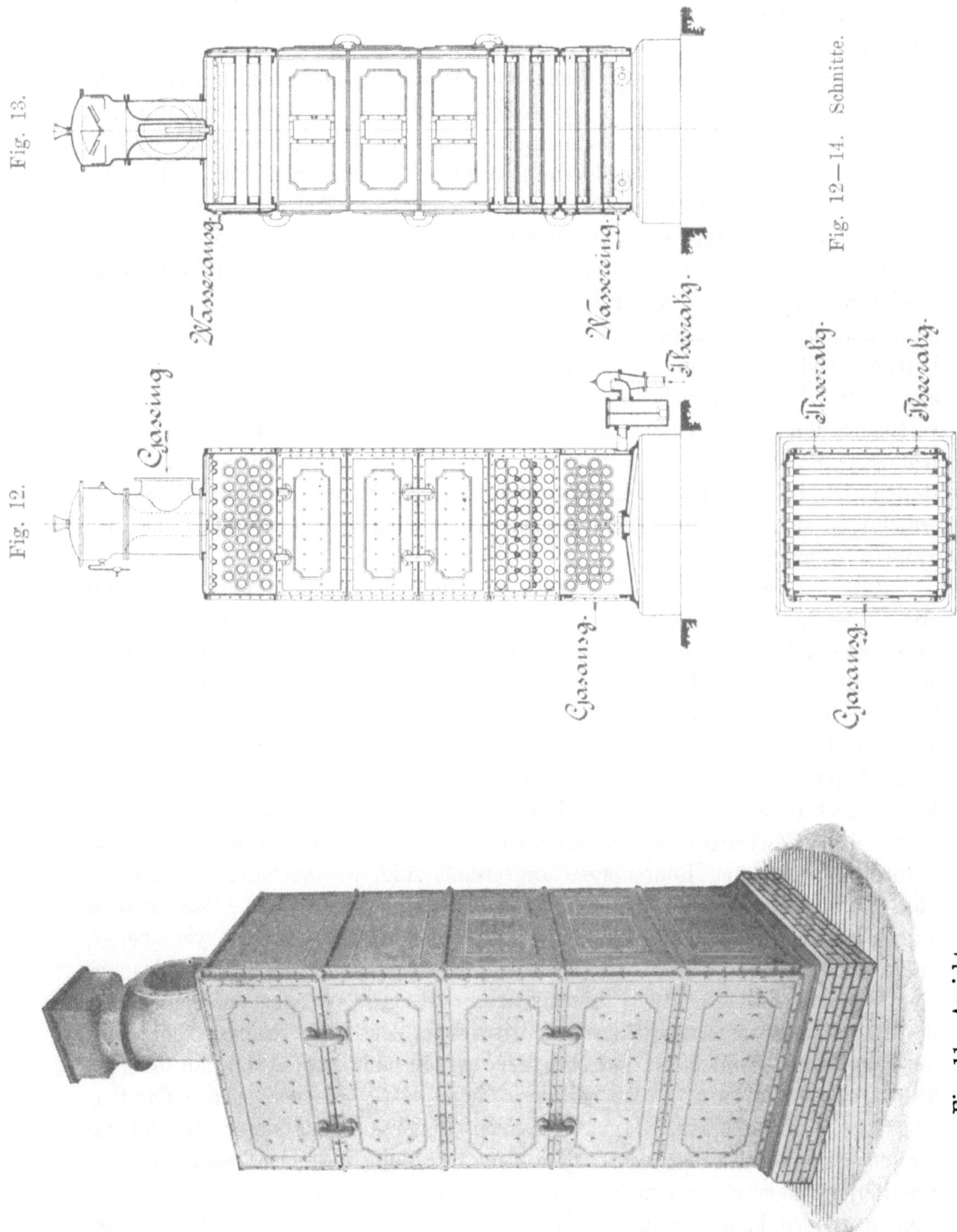

Fig. 11. Ansicht.

Fig. 12—14. Schnitte.

Fig. 14.

Fig. 11—14. Wasserkühler und Ammoniakwascher, System Reutter. Ausgeführt von der Kölnischen Maschinenbau-A.-G.

förmiger Elemente, deren Zahl und Größe mit der Kühlfläche wächst. Die Enden der glatten guß- oder schmiedeeisernen Kühlröhren sind in Muffenplatten (Fig. 14) mit Blei eingedichtet. Zwischen diesen und den Kopfwänden des Kastens verbleibt ein schmaler Zwischenraum für die Gasein- und -ausströmung. Die Seitenwände sind mit Reinigungsöffnungen versehen.

Das Kühlwasser tritt am Fuße des Apparates ein, wird in Schlangenwindungen durch die einzelnen Rohrreihen geführt und läuft oben ab. Die Überleitung des Wassers von einem Kasten zum andern erfolgt durch Öffnungen in den Kastenböden, seltener durch besondere Rohrkrümmer (Fig. 11). Das Gas fällt in einer dem Wasserlaufe entgegengesetzten Zickzackrichtung durch die verschiedenen Kammern. Es kommt also auch hier das heiße Gas mit den bereits vorgewärmten, das kältere Gas mit den kalten Röhren in Berührung. Die vorwiegend an den Kühlröhren abgesetzten Kondensate werden durch das ammoniakalische Rieselwasser, welches aus dem über dem Gaseingang angebrachten und mit einem Gasverschluß versehenen Aufgabegefäß herabträufelt, abgespült. Die Kühlfläche ist wie bei dem vorbeschriebenen Gaskühler mit vertikalen Röhren zu bemessen. Die Kosten der Reutterkühler, welche die Kölnische Maschinenbau-A.-G. in Größen von 70—310 qm Kühlfläche ausführt, stellen sich bei den kleinsten Apparaten auf 52 ℳ pro qm Kühlfläche und erniedrigen sich mit dem Wachsen der Abmessungen bis auf 36 ℳ bei den größten Apparaten.

Zur weiteren Kühlung des Gases, das die Wasserkühler gewöhnlich mit etwa 20—25° C verläßt, hat man auf einer Reihe von Ruhrzechen die „Intensiv-Gaskühler“ der Zschockeschen Maschinenfabrik in Kaiserslautern aufgestellt (Fig. 15). Diese Apparate, eine Kombination von Luft- und Wasserkühlern, bestehen in einem Gradierwerk aus mehreren übereinander angeordneten Lagen von Röhren, deren Enden durch Krümmer verbunden werden. Zum Zwecke der Reinigung sind die letzteren mit leicht abnehmbaren Flanschdeckeln versehen. Das Kühlwasser wird durch die weiter unten näher beschriebenen Zschockeschen Patenthorden, welche in den wagerechten Zwischenräumen der einzelnen Röhrenlagen angeordnet sind, so fein und gleichmäßig über die Röhren verteilt, daß der Verbrauch recht gering ist. Der Kühler auf Zeche Holland III/IV, welcher 150 000 cbm in 24 Stunden verarbeitet, besitzt 300 qm Kühlfläche. Er erniedrigt die Temperatur des Gases, das aus dem Vorkühler mit 36—40° C hineintritt um 14—16° je nach der Temperatur des Berieselungswassers. Infolge der Mitwirkung der Luftkühlung erhöht sich die Temperatur des Wassers zwischen der Aufgabe und dem Ablauf an warmen Tagen nur um etwa 2°. An kälteren Tagen läßt die vorzügliche Gradierwirkung die Temperatur des ablaufenden Wassers sogar unter die des zuströmenden sinken, sodaß nicht allein eine Kühlung des Gases sondern auch des Berieselungswassers erzielt wird, das sofort zu weiteren Kühlzwecken verwendet werden kann. Seinen Erfolgen verdankt der Intensivkühler die Einführung auf einer größeren Anzahl rheinisch-westfälischer Kokereien. Die Zeche Deutscher Kaiser hat einen Apparat für eine Leistung von 400 000 cbm in 24 Stunden bestellt.

Neben den großen Kühlern, welche das direkt aus den Öfen kommende Gas aufnehmen, sind kleinere Wasserkühler hinter den Gassaugern eingeschaltet. Diese „Schlußkühler" sollen die Temperaturerhöhung, welche das Gas in den Absaugepumpen erfahren hat, wieder beseitigen.

Fig. 15.
Intensivgaskühler, Patent Zschocke, für eine Leistung von 150 000 cbm Gas in 24 Stunden, mit Ammoniak- und Benzolwäsche (rechts im Hintergrunde). Im Betriebe auf Zeche Holland bei Wattenscheid.

Die Teerscheider.

Der größte Teil des Teeres, der nicht schon in den Kühlern zurückgeblieben ist, wird dem Gase in den Teerscheidern entzogen, in 7—8 m hohen Eisenblechzylindern von 1,5 m Durchmesser, die im Innern abwechselnd rechts und links eingebaute Bühnen tragen. Das Gas passiert den Scheider in Schlangenwindungen und setzt dabei den Teer an den Bühnen ab. Auf ähnliche Weise sondern die Apparate von Pelouze-Audouin den Teer ab. Ihre Wirkung beruht darauf, daß das Gas durch Sieblöcher eines Glockenmantels in Teilströme zerlegt wird, die beim gradlinigen Weiterströmen an entgegenstehende Flächen von Blechplatten prallen, unter der Einwirkung des Stoßes die teerigen Bestandteile abscheiden und erst nach einer Richtungsveränderung zu den Abflußlöchern der Stoßbleche gelangen (Fig. 16).

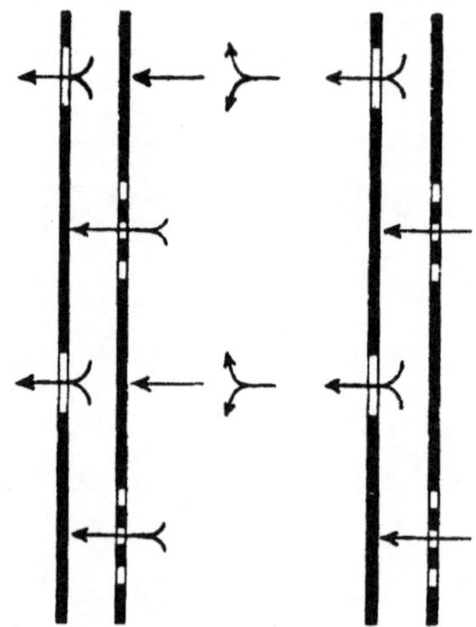

Fig. 16.
Darstellung der Wirkungsweise des Teerscheiders von Pelouze-Audouin.

Bei der von der Firma Schirmer, Richter u. Co. in Leipzig gewählten Ausführung, die sich bei der Gasmotoranlage auf der Stummschen Kokerei zu Neunkirchen ganz vorzüglich bewährt hat, sind siebartige Platten mit kleinen runden Löchern den rechteckigen Stoßblechen mit Schlitzen versetzt gegenübergestellt (Fig. 17). Die einzelnen Blechtafeln werden mit Hilfe von

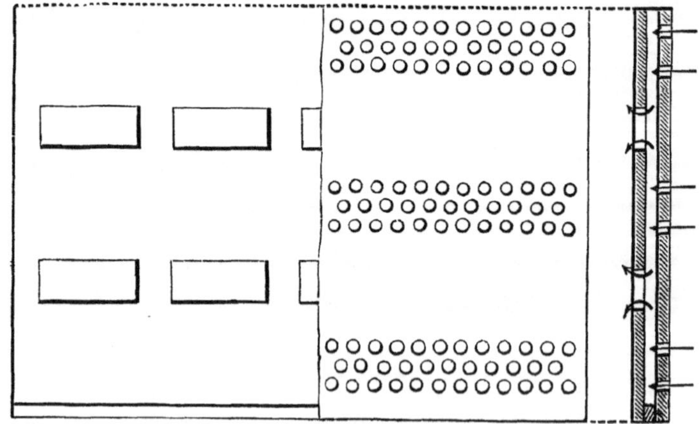

Fig. 17.

Fig. 18. Seitenansicht des Gehäuses.

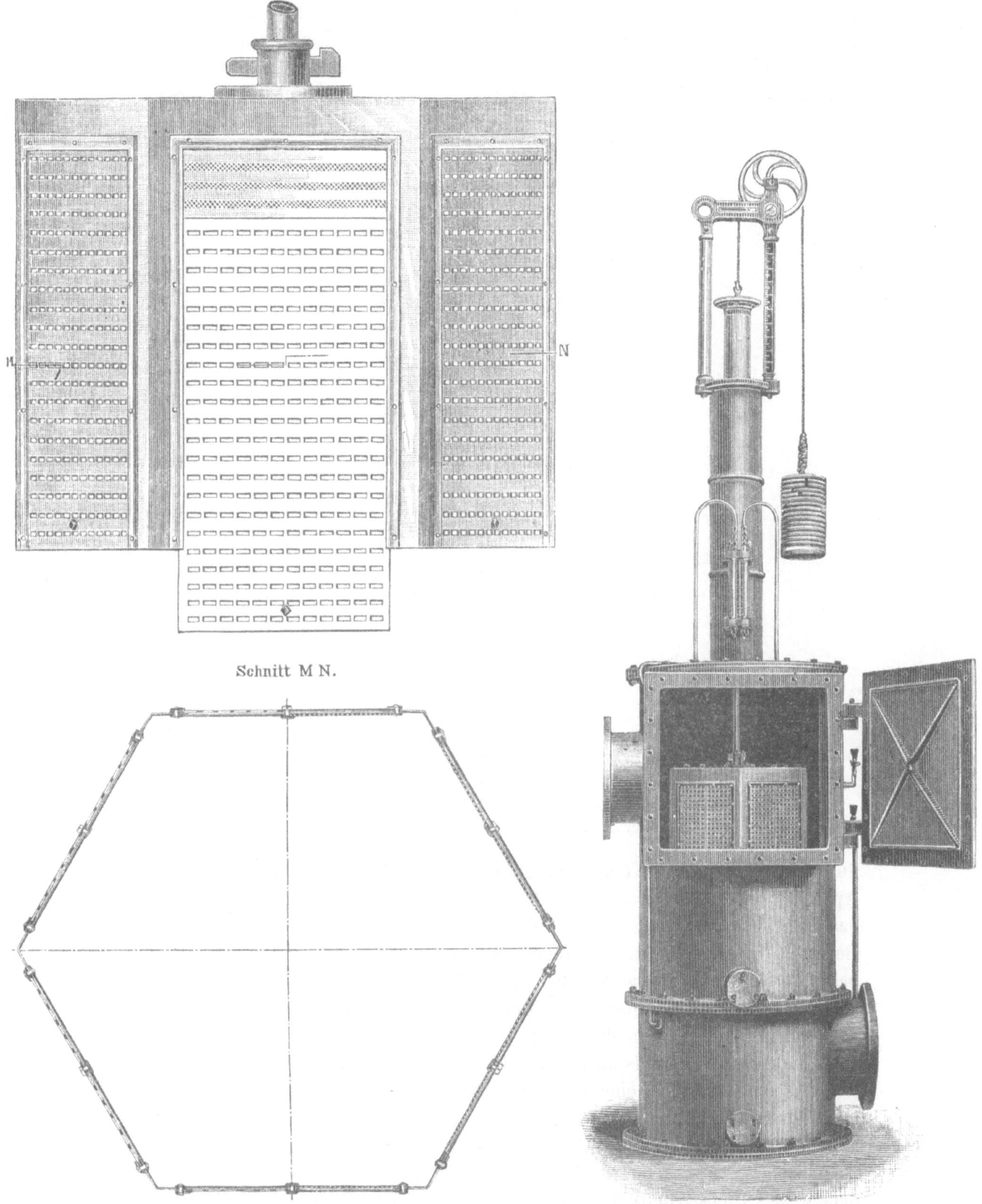

Fig. 19. Querschnitt durch das Gehäuse. Fig. 20. Ansicht.

Fig. 18—20. Teerscheider von Pelouze-Audouin. Ausgeführt von Schirmer, Richter u. Co., Leipzig.

Rahmen zu sechsseitigen Gehäusen zusammengesetzt, welche Fig. 18 bezw. 19 in der Seitenansicht und im Schnitte, sowie Fig. 20 nach Einbau in den Apparat zeigen. Weitere Einzelheiten über die Wirkungsweise und Konstruktion der Pelouzescheider läßt die Fig. 21 erkennen, welche einen senkrechten Schnitt

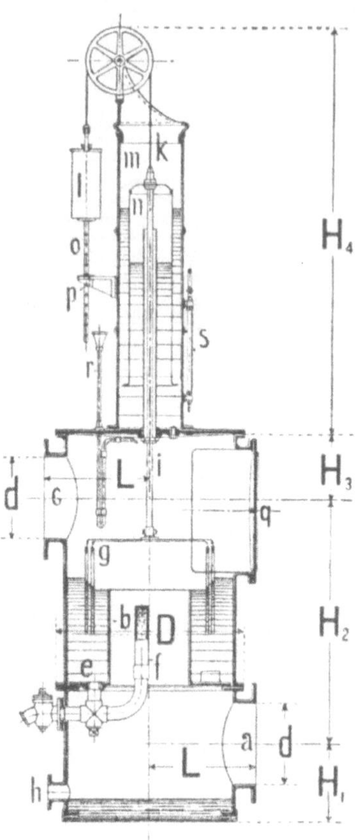

Fig 21.
Schnitt durch den Teerscheider von Pelouze-Audouin, in der Ausführung der Kölnischen Maschinenbau-Akt.-Ges.

durch einen von der Kölnischen Maschinenbau-Aktien-Gesellschaft gebauten Apparat wiedergibt. Das Gas tritt durch den Stutzen a ein, gelangt durch das Rohr b unter die Glocke g, deren Unterrand durch die Teerfüllung des Behälters e, der „Teertasse", abgedichtet wird, und geht durch die gelochten bezw. geschlitzten Bleche zu dem Austrittsstutzen c. Der von der Glocke ablaufende Teer fließt durch das Rohr f in den Unterteil des Gehäuses und von dort aus durch h in die Teergrube ab.

Die Glocke g wird durch das Gegengewicht l, das mit ihr durch die Stange i und das über eine Rolle geschlungene Seil k verbunden ist, teilweise ausbalanziert; i ist in dem Aufsatze n reibungslos durch einen Wasserverschluß abgedichtet, dessen Schwimmerglocke kleinere Schwankungen im Gasdruck ausgleicht. Das Gegengewicht l ist zur Aufnahme von Bleibeschwerern, mit denen die Glockenstellung reguliert werden kann, ausgehöhlt. Das ist erforderlich, weil das Gleichgewicht während des Betriebes einmal durch die schweren Teeransätze an den Blechen und zweitens durch die Druckerhöhung im Innern der Glocke infolge der teilweisen Verstopfung der Durchgangsöffnungen gestört wird. Um das Bedienungspersonal der Mühe einer täglichen Nachregulierung zu entheben, hat man die Stange o, welche das Gegengewicht trägt, in kleineren Abständen durchlocht, sodaß sie mittels des Vorsteckers p in jeder Stellung festgehalten werden kann. Der für den Betrieb günstigste Druckunterschied zwischen Ein- und Ausgangsrohr liegt zwischen 70 und 90 mm Wassersäule, im Mittel also bei 80 mm. Zur Kontrolle des Druckes ist der Apparat mit dem Differentialmanometer s ausgerüstet, dessen einer Schenkel die Gaspressung unter der Glocke anzeigt, während der andere den des Außenraumes erkennen läßt, sodaß also die Niveaudifferenz beider Schenkel den Durchgangswiderstand des Apparates angibt. Die Temperatur im Gehäuse darf 18—20^0 nicht unterschreiten, weil sonst die Öffnungen der Bleche durch Hartteerabsätze verstopft werden.

Die Glocke ist zum Zwecke der Reinigung durch eine in das Gehäuse eingelassene Klapptür zugänglich gemacht (Fig. 20). Die Verschmutzung der Glocke kann durch Berieselung der Bleche mit Ammoniakwasser soweit zurückgehalten werden, daß eine Hauptreinigung, zu der sie aus dem Apparate entfernt und durch eine Reserveglocke ersetzt werden muß, nur nach mehrmonatigem Betriebe erforderlich wird. Das Wasser zur Speisung des Gehäuses und Berieselung der Glocke wird durch den Einlauf r zugeführt.

Da bei den Teerscheidern dieses Systems manchmal unerwartet Verstopfungen eintreten, erfordert es die Betriebssicherheit, dauernd einen ganzen Apparat in Reserve zu halten, der durch sog. Umgangsklappen ohne Zeitverlust eingeschaltet werden kann.

Die Kölnische Maschinenbau-A.-G. führt die Pelouze-Apparate für Leistungen von 1000—60 000 cbm Gasdurchgang in je 24 Stunden aus, denen Preise von 550 bis 2000 ℳ entsprechen.

Die Pelouze-Apparate werden gewöhnlich direkt hinter den Gassaugern oder Schlußkühlern eingeschaltet. Auf der Stummschen Kokerei in Neunkirchen hat man durch den Einbau des Pelouzescheiders hinter den Waschapparaten sehr gute Erfolge erzielt.

Die Wascher und Vorreiniger.

Die feinen Teernebel, welche in diesen nur der Teerabscheidung dienenden Apparaten nicht zurückgehalten werden, fallen bis auf geringfügige Reste in den Skrubbern und Ammoniakwaschern aus. In den ersteren wird das Gas in innige Berührung mit dem Waschwasser gebracht und durch mehrere Filterlagen geleitet. Am verbreitetsten sind die Koksskrubber, welche beispielsweise auf dem Theresienschacht zu Mährisch-Ostrau mit bestem Erfolge zur Befreiung des Kraftgases vom Teer benutzt werden. Zur Reinigung des Gasbedarfs für zwei 300 PS-Motoren, der auf rund 500 cbm in der Stunde veranschlagt werden kann, genügen zwei zylindrische Koksskrubber von 2,5 m Durchmesser und 7 m Höhe, in denen 4 mit Koksschichten bedeckte Horden in Höhenabständen von je 1,4 m eingebaut sind. Das Rieselwasser wird durch ein Kippgefäß aufgegeben, das bei der Füllung wechselweise nach der einen oder anderen Seite ausgießt. Die Träger der Koksschichten sind gewöhnlich Holzhorden. Sie haben je nach dem Querschnitt des Skrubbergehäuses viereckige oder kreisförmige Gestalt. Bei zylindrischen Apparaten von größerer Bemessung werden die Horden aus zwei oder mehreren Segmenten zusammengesetzt (Fig. 22—24).

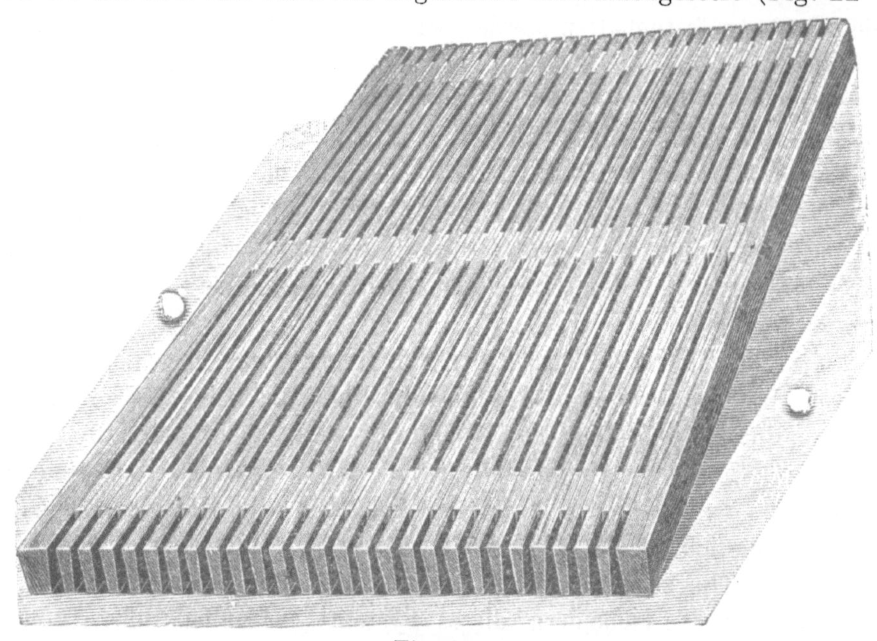

Fig. 22.
Viereckige Holzhorden für Skrubber.

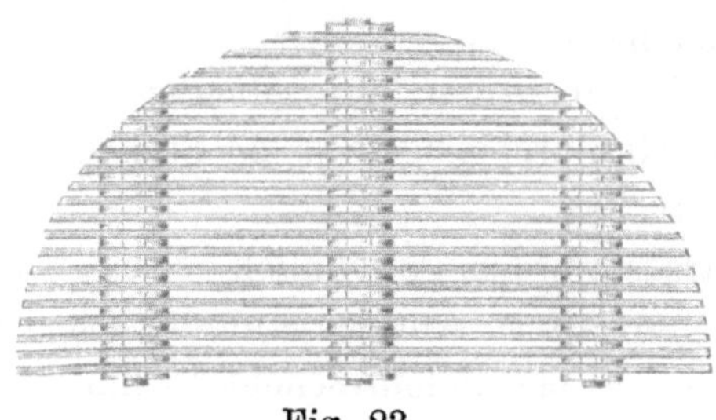

Fig. 23.

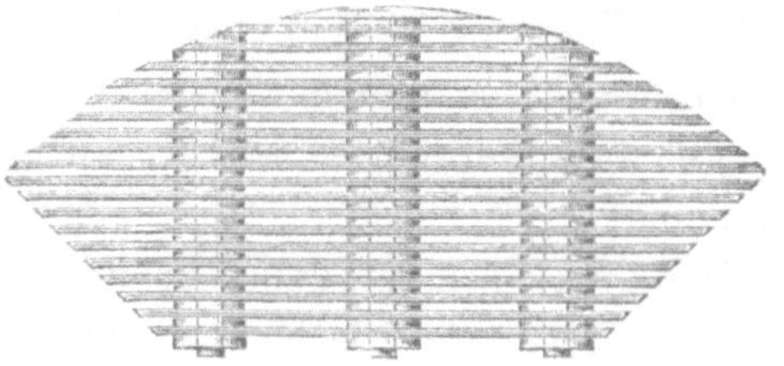

Fig. 24.
Fig. 23 u. 24. Segmentstücke für kreisförmige Skrubberhorden.

Bei neueren Kokereien finden die früher gebräuchlichen *Vorreiniger* selten mehr Verwendung. Diese sind flache viereckige Kasten, bei denen das

Gas zunächst in einen unter dem Deckel befindlichen Raum eintritt. Aus diesem Gaseinlaß führt eine größere Anzahl vertikaler Röhren in den Boden des Gehäuses, das in seinem unteren Teile mit Wasser gefüllt ist. Das Gas fällt in den Röhren herab, taucht wie bei den Glockenwaschern in der Waschflüssigkeit unter und sammelt sich in dem Raume über dem Wasser, dem Gasauslasse. Da das Waschwasser dem Gasdrucke eine recht große Oberfläche bietet, treten große Schwankungen des Wasserspiegels ein. Diese beeinträchtigen die Wirkung der Wasserreiniger deshalb, weil die unteren Enden der Röhren bald zu tief ins Wasser tauchen, wobei der Durchgangswiderstand des Apparates außerordentlich wächst, bald das Wasser überhaupt nicht berühren. In letzterem Falle wird der Apparat außer Wirkung gesetzt. Dieser Unzuverlässigkeit sucht der in Fig. 25 veranschaulichte Vorreiniger System Sueß*) (D. R. P. 136 272)

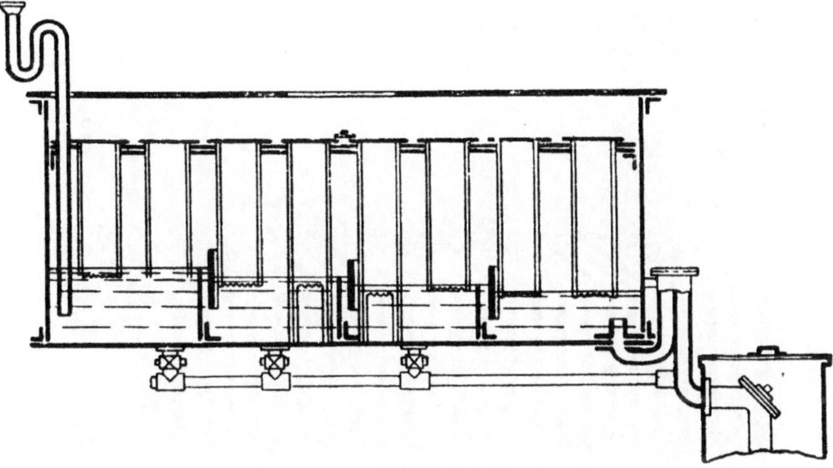

Fig. 25. Vorreiniger Patent Sueß.

durch eine Unterteilung des Apparates in vier, mit vertikalen Scheidewänden versehene Reinigertrumme abzuhelfen, deren Wasserspiegel in der Richtung nach dem Gasauslasse stufenweise gegeneinander abgesetzt sind, während umgekehrt die Tauchrohre entsprechend länger werden. Hinter den Überläufen der ersten, zweiten und dritten Kammer sind noch weitere senkrechte Scheidewände angebracht, die nicht bis auf den Boden reichen und nur den Zweck haben, eine innigere Mischung des überfallenden Wassers mit dem in den Kammern bereits vorhandenen herbeizuführen. Durch die Unterteilung des Apparates werden die Schwankungen so sehr herabgedrückt, daß die Tauchhöhe für die Röhren sehr gering genommen werden kann. Der Apparat hat sich bei der Reinigung des Gases für die Kraftanlage auf dem Theresienschacht gut bewährt.

In der Ausbildung der Ammoniakwascher, welche bis vor wenigen Jahren hauptsächlich durch die teuren Glockenwascher vertreten waren, wurden in der letzten Zeit bemerkenswerte Fortschritte gemacht. Auf Zeche König Ludwig bei Recklinghausen hat man mit drei Drahtnetzwaschern,

*) Oesterr. Ztschft. f. d. Berg- u. Hüttenwesen. 1903. Nr. 9.

aufrechtstehenden Blechzylindern von 8 m Höhe und 2,5 m Durchmesser, deren Innenraum mit einer größeren Anzahl wagerechter Drahtnetzhorden ausgestattet ist, gute Erfolge erzielt. Das durch die Netze fein zerstäubte Waschwasser fällt dem aufsteigenden Gasstrome entgegen und wird mit ihm aufs innigste gemischt.

Noch bessere Ergebnisse haben die allerdings teureren Skrubber, Pat. Zschocke, geliefert, welche das Waschwasser nicht allein sehr fein verteilen, sondern auch dem Gasstrom berieseltes Holzwerk von sehr großer Oberfläche entgegensetzen.

Wie die Figur auf Texttafel a zeigt, tritt das Gas am Fuße des zylindrischen Gehäuses ein, passiert eine größere Anzahl horizontaler Horden, welche durch Tropfapparate intensiv berieselt werden, und zieht dann an der entgegengesetzten Seite aus dem Apparat. Die Horden (Fig. 26) setzen sich aus flachkeilförmigen,

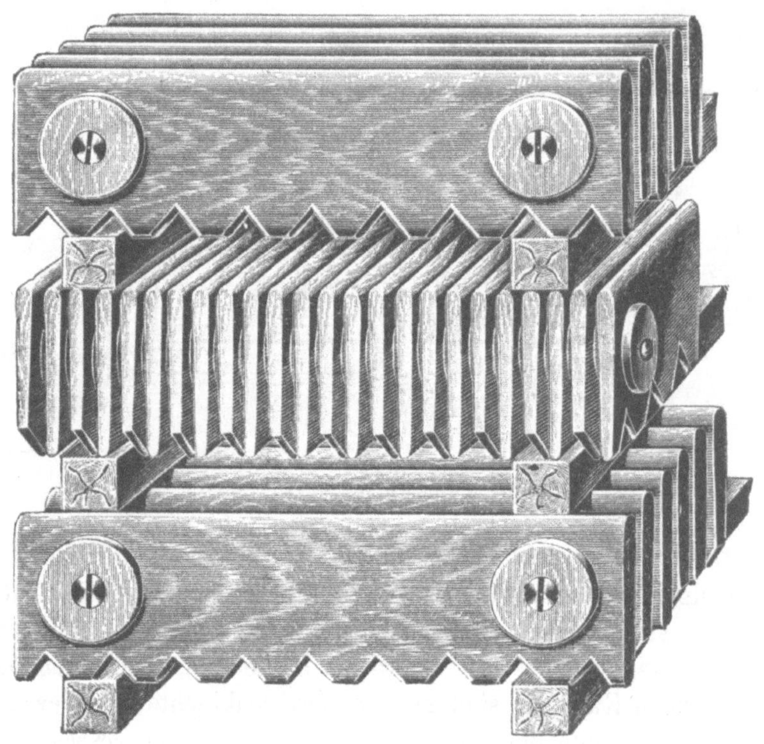

Fig. 26. Horde des Zschocke-Skrubbers.

auf die Hochkante gestellten Brettern zusammen, die an der Unterkante so eingeschnitten sind, daß zackenartige Ansätze stehen bleiben, welche die Tropfenbildung des Berieselungswassers begünstigen und deshalb „Abtropfnasen“ heißen.

In dem Skrubber sind die aufeinander folgenden Horden quer verstellt und gewöhnlich zu Paaren vereinigt, welche durch je drei Vierkanthölzer geschieden und getragen werden. Das Waschwasser fließt aus einem Hochbehälter zu, fällt in den auf dem Skrubber stehenden Tropfapparaten aus 1 m Höhe auf gewölbte Verteilungsteller, an denen es zersprüht (Texttafel a).

Texttafel a.

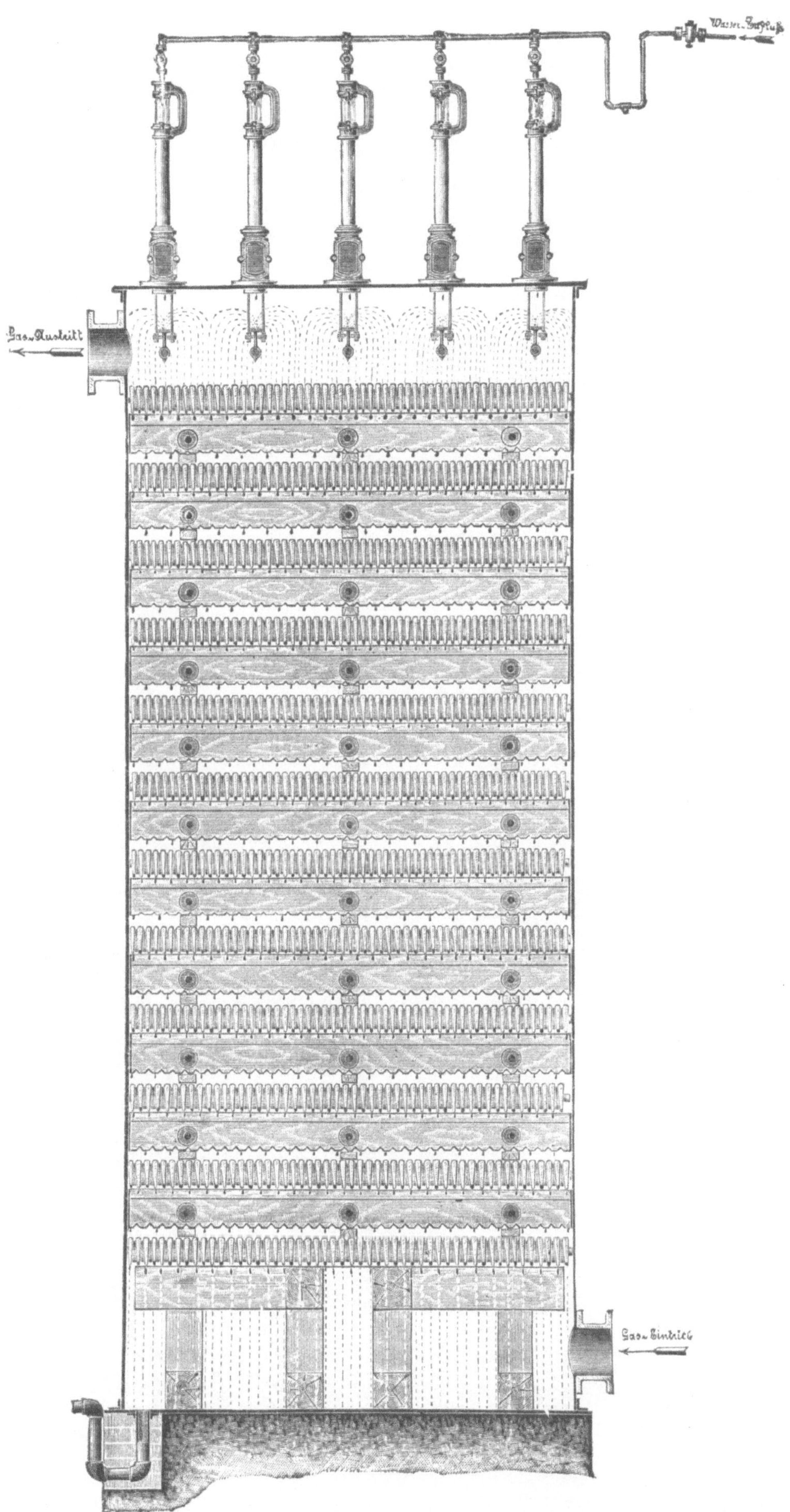

Eine Außenansicht des Zschocke-Waschers gibt die Fig. 15, S. 25 neben dem Bilde eines Intensivkühlers und eines Benzolwaschers. Die Zeugnisse über die Wirkung dieser Skrubber, welche sich bereits auf einer sehr großen Anzahl deutscher und ausländischer Kokereien eingeführt haben, lauten sehr günstig. Auf Zeche Holland III/IV sind zwei Apparate als Nachwascher hinter zwei Glockenwaschern aufgestellt. Sie verarbeiten täglich 120 000 cbm Gas mit einem Frischwasserverbrauch von nur 24 cbm. Der Gehalt des starken Ammoniakwassers beläuft sich auf 12 – 14 g NH_3 im l, während das gereinigte Gas in 100 cbm nur mehr 1 g NH_3 aufweist. Auf den Kokereien der Schlesischen Kohlen- und Kokswerke und der Vereinigten Glückhilf-Friedenshoffnungsgrube in Niederschlesien hat man den Ammoniakverlust, der bei den

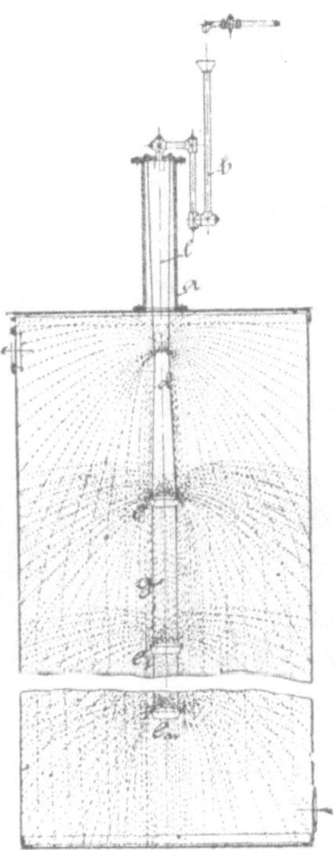

Fig. 27. Skrubber von Burgemeister.

früheren Einrichtungen 25 bezw. 18 g in 100 cbm Gas betrug, durch den Einbau der Zschockeschen Skrubberarmierung auf 1 g herabgedrückt. Die Apparate haben sich auch in der Verhinderung der Naphthalinausscheidungen sehr gut bewährt.

Ein neuer Skrubber von Burgemeister will die Hordenwirkung durch eine mehrfache, in ihrer Anordnung der Zschockeschen sehr ähnliche Wasserstäubung ersetzen und aus dem direkt vom Ofen kommenden Gase nicht allein Ammoniak, sondern auch Teer und die übrigen Beimischungen ausscheiden. Bei dem Apparate (Fig. 27) tritt die Waschflüssigkeit, je nach Bedarf reines oder Ammoniakwasser, aus der Rohrleitung in einen über dem Skrubbergehäuse angebrachten Trichter, läuft durch das Syphonrohr b nach der Auslaufdüse und fällt aus einer gewissen Entfernung durch das Standrohr a auf die konvexe Scheibe d, welche in einer Entfernung von etwa 250 mm unter dem Deckel angebracht ist. Dabei wird etwa die Hälfte der Flüssigkeit zerstäubt. Die andere Hälfte läuft an dem senkrechten, nach unten um etwa 10 mm verlängerten Rand der Scheibe d ab und fällt auf den tieferen Ringkegel e, an dem etwa $^1/_4$ der Flüssigkeit zersprüht. Dieser Vorgang wiederholt sich mehrfach, bis der Rest der Flüssigkeit zerstäubt ist.

Das Gas tritt am Fuße des Apparates ein, wird also dem niederrieselnden Sprühregen entgegengeführt, wobei ein Teil der Waschflüssigkeit vorübergehend in Dampf verwandelt wird, der sich infolge der starken Abkühlung durch die Wasserschleier der Ringkegel bald wieder verdichtet und dabei die Kondensate abscheidet.

Fig. 28.
Bürstenwascher System Holmes. Ausgeführt von der Kölnischen Maschinenbau-A.-G.

Bei den Rotationsgaswaschern, welche nicht allein der Abscheidung des Ammoniaks, sondern auch des Naphthalins, Cyans und Schwefelwasserstoffs dienen, wird eine noch innigere Berührung der Waschflüssigkeit und der Gase wie bei den feststehenden Hordenwaschern erzielt. Daher lassen sich mit verhältnismäßig kleinen Apparaten große Gasmengen bewältigen.

Auf Zeche Mathias Stinnes wird das Ammoniak in einer langsam mit 1 Umdrehung in der Min. rotierenden, wagerechten Trommel aus Gußeisen von 4 m Länge und 3 m Durchmesser ausgeschieden. Ihr Innenraum ist mit gitterartigen Holzhorden ausgefüllt. Bei der Drehung der Trommel kommen immer neue Flächen mit der Waschflüssigkeit, welche in der unteren Hälfte des Apparates steht, in Berührung. Die Horden treten also frisch berieselt in den oberen Raum der Trommel ein, in welchem das abtropfende Wasser durch das Gas fällt.

Um den nicht unerheblichen Kraftaufwand, welchen die Bewegung der schweren Trommel verlangt, zu verringern, läßt man bei anderen Rotationswaschern die Trommel feststehen und in ihr Bürstenräder (Holmes) oder Einsätze mit Kugeln (Zschocke) langsam, gewöhnlich mit einer Umdrehung in der Min. rotieren.

Bei dem Wascher System Holmes (Fig. 28), welcher ebenfalls für Ammoniak-, Cyan- und Naphthalinausscheidung ausgeführt wird, rotieren in den einzelnen Waschkammern, in welche die wagerechte Trommel durch Blechwände geteilt wird, kreisförmige Bürsten aus Piassavafaser. Sie sind

Fig. 29.
Bürstenwascher System Holmes. Vertikale Anordnung. Ausgeführt von der Kölnischen Maschinenbau-A.-G.

aus leichten Brettersegmenten zusammengesetzt und werden von Blechscheiben getragen. Durch das Fasergewirr wird das Gas fein zerteilt und in eine sehr innige Berührung mit dem Waschwasser gebracht. Die Tragescheiben der Bürsten sind so gestellt, daß die freien Flächen der letzteren leicht an den Wänden der einzelnen Waschkammern schleifen und infolgedessen leicht vibrieren. Diese Schwingungen der Fasern begünstigen die Lösung des Ammoniaks im Waschwasser. Die Bürstenelemente sind derart an den Tragescheiben befestigt, daß jedes einzelne durch Putzöffnungen aus dem Gehäuse genommen werden kann. Die Welle des Apparates wird außerhalb der Einführungsstopfbüchsen verlagert. Jede der Waschkammern ist mit einem Teer- und einem Probierhahn versehen. Für Aufstellungsorte mit beschränktem Raum baut die Kölnische Maschinenbau-A.-G. Wascher, bei denen die Kammern senkrecht übereinander angeordnet sind (Fig. 29). Der Antrieb erfolgt durch eine senkrechte Hauptachse, welche die einzelnen Bürstenräderwellen durch Winkelradvorgelege betätigt.

Die oben erwähnte Firma führt die Bürstenwascher in verschiedenen Größen aus, welche in 24 Stunden 4000 — 115 000 cbm Gas verarbeiten und ihren Abmessungen entsprechend 3200 ℳ (für 4000 cbm) bis 24 500 ℳ (für 115 000 cbm) kosten.

Bei dem Kugelwascher, Patent Zschocke (Fig. 30), der für die Abscheidung von Ammoniak, Naphthalin, Benzol, Cyan und Schwefelwasserstoff bestimmt ist, laufen in der mehr- (in der Figur 2 bezw. 6) kammerigen Trommel Einsätze um, welche mit mehrfach durchlochten Kugeln aus Hartholz gefüllt sind. Bei der Drehung der Einsätze rollen die mit Waschflüssigkeit benetzten Kugeln übereinander und bieten dem Gase fortwährend neue Flächen. Durch die beständige gegenseitige Reibung der Kugeln wird ein Absatz von Naphthalin und anderen Beimengungen, der zu Verstopfungen führen könnte, verhindert.

Das Gas tritt an dem Umfange der ersten Kammer ein und geht durch eine achsiale Durchbrechung der Scheidewand in die zweite Kammer. Aus dieser entweicht es an der Peripherie, wird durch ein U-Rohr nach der dritten geführt und passiert so nacheinander alle Abteile des Apparates. Das Waschwasser macht nach dem Gegenstromprinzip den umgekehrten Weg. Es wird bei dem Durchlaufe durch den rotierenden Trommeleinsatz so hoch gehoben, daß nicht allein die Kugeln, sondern auch ein großer Teil der oberen Gehäusewände dauernd bespült werden.

Der Kraftbedarf ist bei dem Zschockewascher, welcher je nach den örtlichen Verhältnissen durch ein Zahn- oder Schneckenradvorgelege betätigt wird, sehr gering. Ein kleiner Apparat kommt mit $^3/_4$, ein größerer mit 1 PS aus. Zum Reinigen von Motorgas werden Zschockewascher auf den Zechen Graf Moltke und General Blumenthal in Verwendung treten. In der Gasanstalt Graudenz wurde durch drei forcierte Betriebsversuche festgestellt, daß ein sechskammeriger Wascher stündlich 520 cbm Gas verarbeitete, diesem das Ammoniak bis auf 0,5 g in 100 cbm entzog und imstande war, bei einer Konzentration des abfließenden Wassers von 3^{0}Bé das Ammoniak auf weniger als 3 g pro 100 cbm Gas auszuwaschen.

Auf den Eisenhütten haben sich für die Reinigung des Gichtgases zwei Systeme schnellrotierender Gaswascher eingeführt, der Ventilatorwascher und der Theisensche Trommelwascher.

Bei dem ersteren Apparate wird das Gas durch ein raschlaufendes, gewöhnlich elektrisch betriebenes Flügelrad angesaugt und zugleich mit einem eingeleiteten Wasserstrahl innig gemischt. Diese einfache Reinigungsmethode

Naphthalinscheider. Fig. 30. Ammoniakscheider.

Anlage für Naphthalin- und Ammoniakausscheidung mit Kugelwaschern Pat. Zschocke.

befreit das Gas soweit von den Beimengungen, daß nur die allerfeinsten Staubteilchen im Strome suspendiert bleiben, welche durch Filter aufgenommen werden. Für die große Leistungsfähigkeit dieser Einrichtung spricht folgendes Beispiel. Bei zwei Hochöfen der Gesellschaft Cockerill mit 350 t täglicher Roheisenerzeugung werden 70 000 cbm Gas, welche die Öfen stündlich liefern, durch einen Ventilator von 2 m Durchmesser und einer Umdrehungszahl von 700 bei einem Wasserzufluß von 1,40 cbm in der Minute vollständig gereinigt und gleichzeitig die Gase von 200 bis 300 auf 30 bis 35 ^{0} C abgekühlt.

Bei dem Theisenschen Trommelwascher (Fig. 31—34), welcher demnächst auch in den Dienst der Koksgasreinigung treten soll, werden die in den

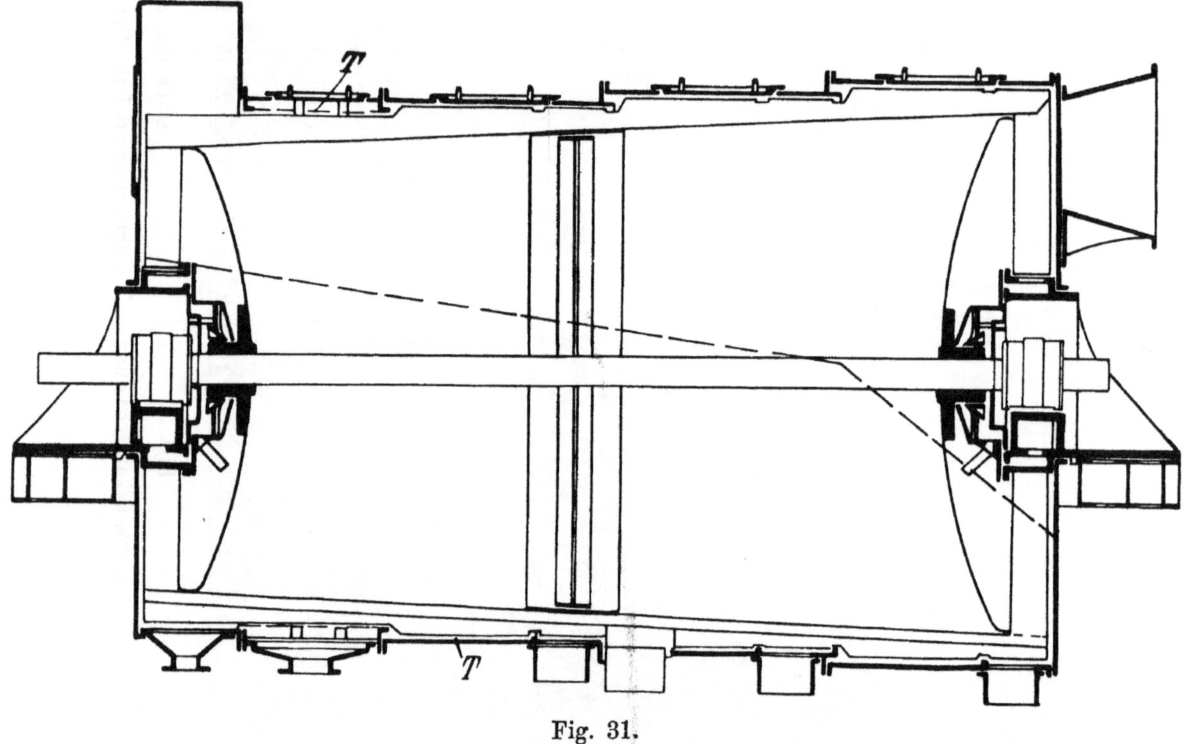

Fig. 31.
Längsschnitt durch den Zentrifugalgasreiniger von Theisen.

Innenraum einer konischen Trommel eintretenden Gase gegen einen feststehenden Mantel des Gehäuses geworfen, der auf der Innenfläche dauernd mit Wasser berieselt wird.

Wie die Querschnitte in den Fig. 31 – 34 erkennen lassen, ist die Trommel mit Längsrippen besetzt, welche in den drei ersten Abteilungen des nach der Gasaustrittsöffnung konisch und absatzweise verjüngten Gehäuses nur wenig von dem Drahtnetzmantel T, mit welchem das ganze Gehäuse ausgefüttert ist, abstehen.

In der vierten Abteilung erweitert sich der Zwischenraum zwischen den Trommelrippen und T so, daß ein ringförmiger Raum frei bleibt. Das Wasser tritt durch die in halber Höhe auf jeder Seite angebrachten Längskanäle c,

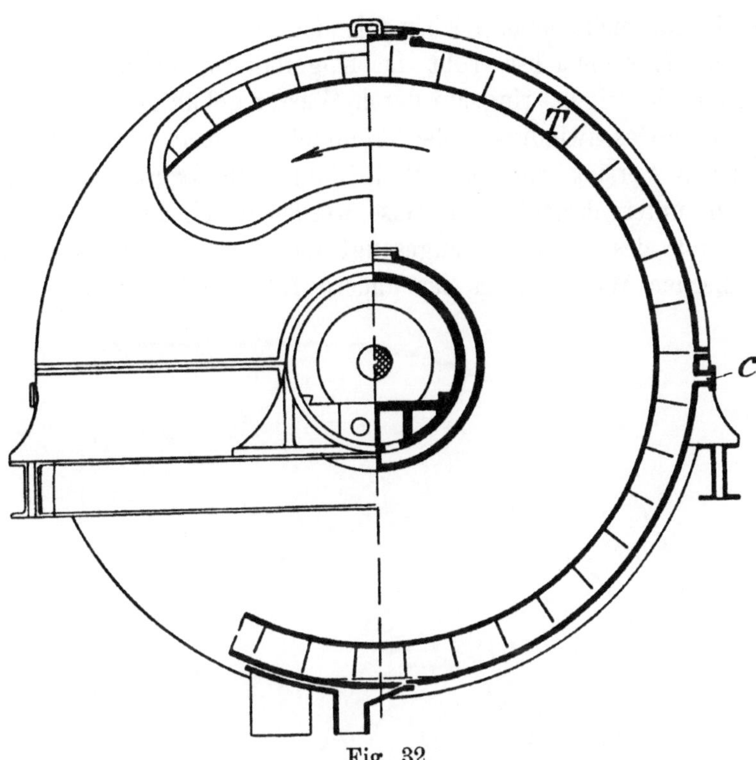

Fig. 32.
Theisen-Apparat. Ansicht bezw. Schnitt am Eintrittsende der Gase.

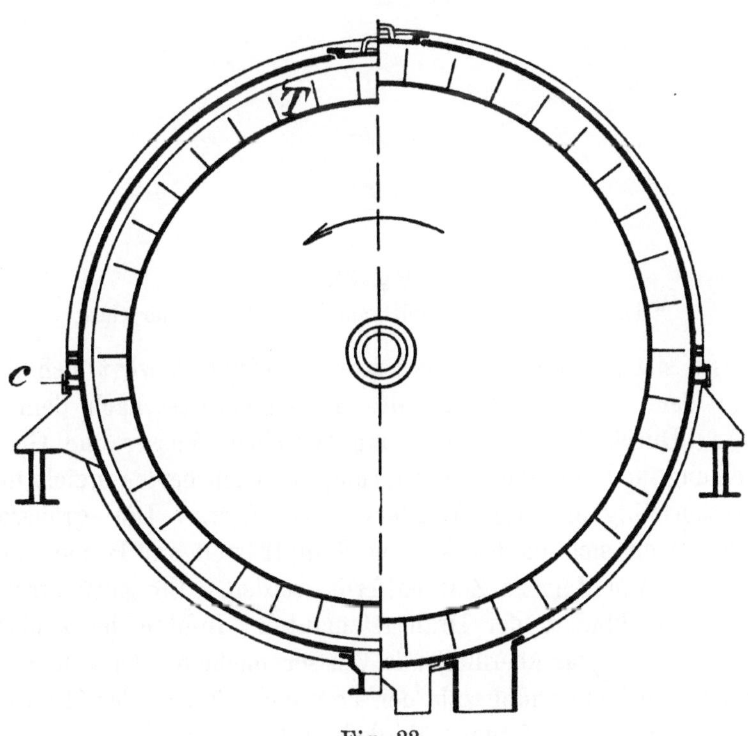

Fig. 33.
Theisen-Apparat. Mittelschnitt.

welche durch zahlreiche feine Löcher mit dem Innern kommunizieren, in den Apparat. Die Trommelachse ruht in Kugellagern, deren Schalen, wie die Figuren 32 und 34 zeigen, ringsum durch Wasser gekühlt werden. Wegen der hohen Peripherie-Geschwindigkeit der Trommel (40 m in der Sekunde) hat man zur möglichsten Verringerung der Wellenlänge die Lager zur Hälfte in dem Trommelraum untergebracht. Die Gase werden durch die Eintrittsöffnung am erweiterten Ende des Apparates angesaugt und über die Trommelfläche hin in einem spiralischen Wege gegen das andere Ende gedrückt, an welchem der

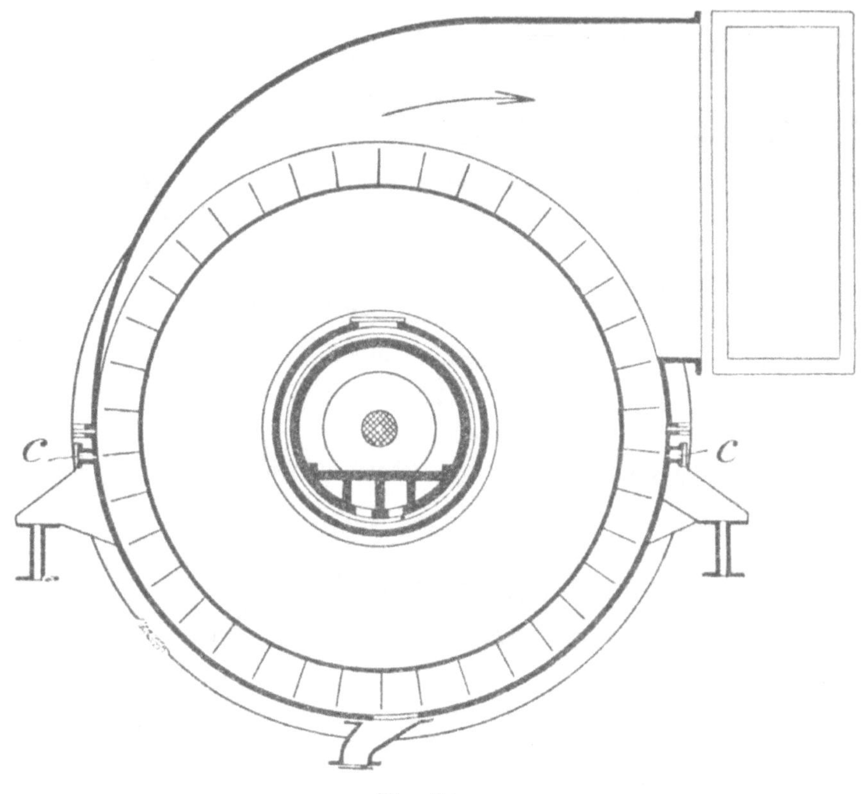

Fig. 34.
Theisen-Apparat. Schnitt am Austrittsende der Gase.

Auslaßdiffusor sitzt. In entgegengesetzter Richtung bewegt sich das Wasser, das infolge der konischen Form des Innengehäuses nach dem Gaseintritt hin abläuft. Durch die Gegenströmung zwischen Wasser und Gas wird eine gewisse Reibung und eine innige Berührung zwischen beiden erzielt und dadurch die Absorptionsfähigkeit des Wassers vergrößert. Die gröberen Verunreinigungen setzen sich in den kleinen Sumpfkästen am Boden der Trommel ab, von wo sie von Zeit zu Zeit entfernt werden. Ihr Zurücktreten auf die Trommelrippen verhindert der Drahtnetzmantel. Infolge der konischen Form des Gehäuses passiert das überfließende Wasser nacheinander alle Sumpfkästen.

Bei der hohen Umdrehungszahl der Trommel, 300 in der Minute, weist der Apparat eine sehr hohe Leistungsfähigkeit auf. Beispielsweise verarbeitet die Type Nr. 5 bei einem Gehäuse-Durchmesser von 2,743 m und einer Länge von

3,353 m 5714 cbm Gas in der Minute. Es ist dabei gelungen, Hochofengas mit 3,6 g Verunreinigungen im Kubikmeter bis auf 0,01 g zu reinigen.

Zur Reinigung der Kokereigase hat der Apparat bisher keine Verwendung gefunden. Der Erfinder erhofft von ihm aber gute Erfolge insbesondere hinsichtlich der Teerabscheidung. Zur Erzielung eines möglichst wasserfreien Produktes soll dabei nicht mit Wasser, sondern mit Teer gewaschen werden. Bei der hohen spezifischen Schwere des letzteren und der großen Schleuderwirkung der schnellaufenden Trommel erscheinen Versuche in dieser Richtung nicht aussichtslos.

Neuerdings werden die Rotationswascher, insbesondere die Kugelwascher von Zschocke vielfach auch zur Entfernung des Naphthalins aus dem Gase verwandt. Als Waschflüssigkeit dienen Teeröle. Naphthalinausscheidungen in den Rohrleitungen, Kühlern usw., welche namentlich bei kälterem Wetter eintreten und zu argen Betriebsstörungen führen, beseitigt man nach dem von Bueb angegebenen Verfahren durch Ausspülen der Gaswege mit Anthrazenöl. Auf den Schleswig-Holsteinschen Kokswerken zu Rade wurde der Betrieb des Pelouzeapparates vielfach durch Naphthalinverstopfungen gestört, welche auf den Betrieb der Motoranlage recht unangenehme Rückwirkungen äußerten. Zur Beseitigung dieses Mißstandes verwandte man mit bestem Erfolge die dem Gasanstaltsbetriebe entlehnte Spülung mit Xyloldampf, welcher fast alles Naphthalin löst und den Pelouzeapparat dauernd in reinem Zustande erhält.

Die Trockenreiniger.

Über die Notwendigkeit einer Reinigung des Motorengases von Cyan und Schwefel gehen die in den verschiedenen Betrieben gesammelten Erfahrungen weit auseinander. Bei der Kraftanlage der Stummschen Kokerei in Neunkirchen hat sich die Schwefelreinigung als dringend notwendig erwiesen. Auf Zeche Minister Stein wurde festgestellt, daß die beim Verbrennen des Schwefelwasserstoffes entstehende schweflige Säure die Zylinder und Kolben nicht angriff, wohl aber die Spindeln der Ventile. Dieselbe Erfahrung hat sich bei dem Betriebe der Gasmotorenanlage in Rade ergeben. Auf der Julienhütte und dem Borsigwerke in Oberschlesien macht sich der Schwefel- und Cyangehalt wenig bemerkbar. Auf dem Theresienschacht sieht man von einer besonderen Schwefel- und Cyanreinigung überhaupt ab, da sie sich bei dem fast dreijährigen Betriebe der Motoren entbehrlich gezeigt hat. Es wurden dort nur unbedeutende Korrosionen der Ventilteller festgestellt, die von Zeit zu Zeit durch Abschleifen wieder in Stand gesetzt werden. Die Unschädlichkeit des an und für sich viel geringeren Schwefelgehaltes der oberschlesischen und Mährisch-Ostrauer Kohle erklärt man damit, daß sich bei der Verkokung der größere Teil des Schwefels nicht in Schwefelwasserstoff, sondern in Schwefelkohlenstoff umsetzt.

Recht interessante Versuche mit der Teer- und Schwefelreinigung werden gegenwärtig von Dr. Reuter und Oberingenieur Hußmann auf der Zeche Minister Stein ausgeführt. Soviel steht aber jetzt schon fest, daß bei Gasmotoranlagen, welche Gas aus einer schwefelreicheren Kohle verarbeiten, die Schwefelreinigung nicht zu umgehen ist. Das Cyan setzt den Wert des Kraftgases herab und greift Gasometer, Gasleitungen und Maschinenteile an; es muß deshalb nach Möglichkeit beseitigt werden. Da sich die bisher gebräuchliche Cyan- und Schwefelreinigung in der Anlage und im Betrieb recht teuer stellt, so ist die Einführung billiger, aber doch quantitativ und qualitativ leistungsfähiger Reinigungsverfahren eine sehr wichtige Vorbedingung für die Wirtschaftlichkeit des Gasmotorenbetriebes.

Das im Gase enthaltene Cyan wurde bisher fast allgemein durch die zur Schwefelreinigung dienende Lamingsche Masse, ein Gemisch von Raseneisenstein oder Quellocker und Sägespänen, aufgenommen, wobei das Eisenerz sich in Schwefeleisen und Berliner Blau (Eisencyanürcyanid) umsetzt. Die verbrauchte Masse wird an chemische Fabriken verkauft, welche sie auf Cyan weiter verarbeiten. Die Trockenreinigung litt an dem Mißstande, daß sie das Gas nur unvollkommen von dem Cyan befreite, verhältnismäßig wenig Cyan aufnahm und deshalb für seine Wiedergewinnung ein wenig geeigneter Stoff war. Bueb erzielt ein leichter verwertbares Produkt, indem er das Rohgas durch einen mit konzentrierter Eisenvitriollösung gefüllten Mischer gehen läßt. Der letztere wird zwischen den Teerscheidern und den Ammoniakwäschern eingeschaltet. Ammoniak und Schwefelwasserstoff bilden in der Lösung Schwefelammonium und Schwefeleisen, mit denen sich das im Gase enthaltene Cyanammonium in ein unlösliches Ferrocyanammoniumdoppelsalz umsetzt, während Schwefelwasserstoff entweicht. Aus der Salzlösung wird das flüchtige Ammoniak durch Dampf ausgetrieben, während das Ammoniumsulfat aus dem im Mischer ausgeschiedenen Schlamme mit Hilfe von Filterpressen entfernt wird. Der stark cyanhaltige Rückstand erzielt recht gute Preise.

Die Lamingsche Masse, die, wie oben erwähnt, bisher fast ausschließlich zur Befreiung des Gases von Schwefelwasserstoff diente, wird von Zeit zu Zeit aus den Reinigerkästen genommen und vorübergehend an der Luft gelagert. Dabei gibt sie unter dem Einflusse des Sauerstoffs soviel Schwefel ab, daß sie regeneriert und neu verwendbar ist. Diese teilweise Befreiung von dem aufgenommenen Schwefel kann bei derselben Masse 8 bis 10 Mal erfolgen. Die Beimischung des Sägemehls soll die Berührungsfläche zwischen Gas und Eisenerz vergrößern und den Durchgangswiderstand verringern. Das Reinigermaterial wird in Schichten von 15—20 cm Höhe auf durchbrochenen Brettern oder Blechen, Stabhorden usw. aufgetragen, die zu 2—4 etagenförmig in viereckige Blechkästen eingebaut werden (Fig. 35). Die Deckel der Kästen tauchen entweder in einen Wasserverschluß ein (Fig. 35) oder sind durch Gummi usw. abgedichtet. Um bei größeren Apparaten keine zu unhandliche Horden zu erhalten, werden diese in einzelne Felder unterteilt (Fig. 36). Das Gas wird von oben nach unten mit einer Geschwindigkeit von 5—7, höchstens 10 mm pro Sekunde durch die einzelnen Massenschichten geführt und gibt dabei seinen Schwefelgehalt an das Eisenerz ab.

Da bei einer derartigen horizontalen Anordnung und Hintereinanderschaltung der Horden sowohl der Raumverbrauch als auch der Durchgangswiderstand

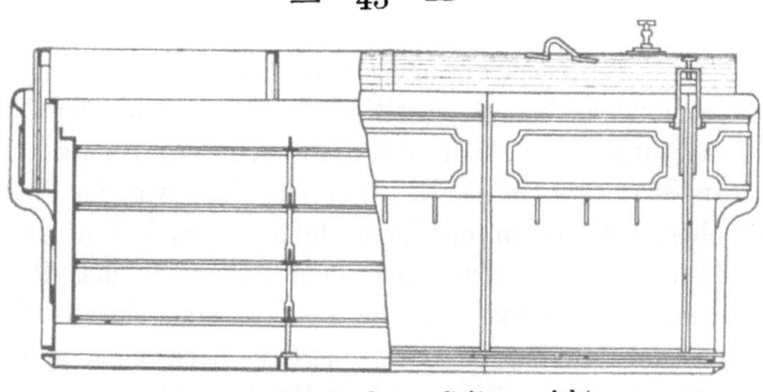

Fig. 35. Schnitt bezw. Seitenansicht.

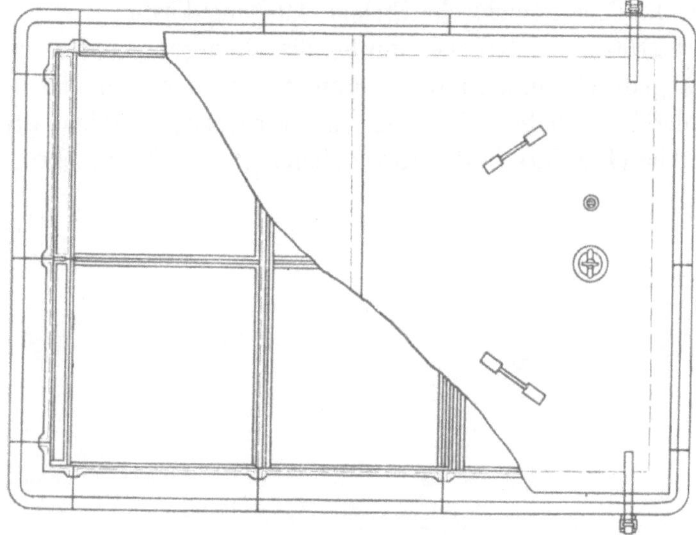

Fig. 36. Obere Ansicht.

Fig. 35—36. Schwefelreiniger. Ausgeführt von der Kölnischen Maschinenbau-A.-G.

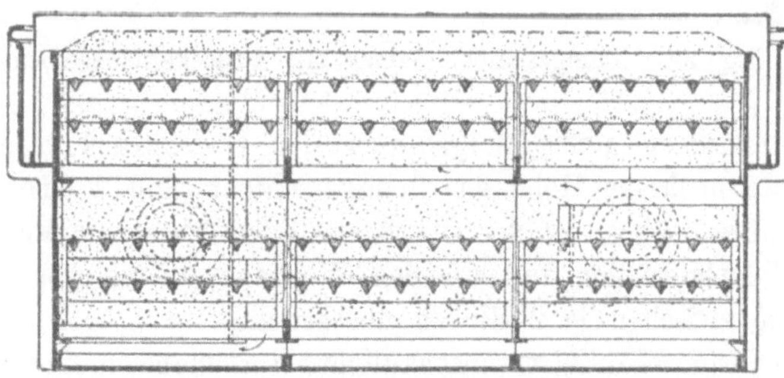

Fig. 37. Senkrechter Querschnitt.

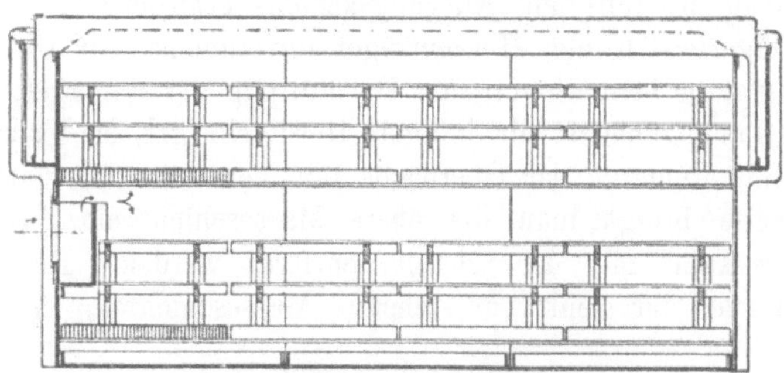

Fig. 38. Senkrechter Längsschnitt.

Fig. 37 u. 38. Reinigereinbau Bamag der Berlin-Anhaltischen Maschinenfabrik.

ziemlich groß sind, verdienen die neueren Bestrebungen auf eine Erhöhung der wirksamen Reinigerfläche bei gleichzeitiger Verminderung der Gasgeschwindigkeit volle Beachtung. Bei dem Reinigereinbau Bamag der Berlin-Anhaltischen Maschinenfabrik, tritt das Gas, wie die Figuren 37 u. 38 zeigen, nicht oben, sondern in mittlerer Höhe, je nach den Abmessungen des Kastens ungefähr 0,6 bis 0,8 m über dem Boden, in den Reiniger ein und teilt sich dort in zwei Ströme, von denen der eine durch die wagerechten Massenschichten nach unten und der andere nach oben geht. Nach dem Durchströmen der 0,5 bis 0,6 m starken Hordenauflagen vereinigen sich die Zweigströme in dem gemeinschaftlichen Ausgangskasten.

Bei der großen Schütthöhe würde die Reinigungsmasse in den unteren Lagen stark gedrückt und so sehr verdichtet werden, daß sie dem Gase einen großen Widerstand böte. Um das zu verhüten, werden dreieckige Auflockerungsstäbe (Fig. 39) in die Masse eingelegt, welche die einzelnen Zwischen-

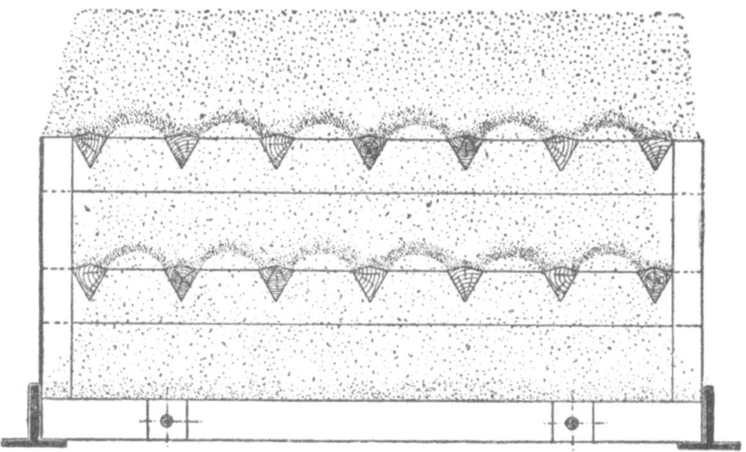

Fig. 39. Reinigereinbau Bamag mit Auflockerungsstäben.

schichten unterstützen und infolgedessen den Bodendruck recht beträchtlich verringern. Je nach der Höhe der Reinigerschicht sind 2 oder 3 Reihen von Stäben vorhanden. Ihre auf der Oberfläche dachförmig abgeschrägten Kanten dienen als Widerlager der freitragenden Wölbung, in welcher die Masse die Zwischenräume zwischen je 2 Stäben überbrückt.

Die in den Fig. 37 u. 38 veranschaulichte Hordenanordnung mit wagerechten Masseschichten kann in jeden vorhandenen Apparat eingebaut werden. Es ist nur ein Umbau des Ein- und Ausgangskastens erforderlich, während die vorhandenen Trägerleisten und Hordenträger unverändert zur Unterstützung der Auflockerungsstäbe benutzt werden. Die Füllung der Bamag-Reiniger geht so vor sich, daß man zunächst die unterste Horde einsetzt, sie bis zur vollen Höhe mit Masse füllt und an der Oberfläche mit der Schaufel glatt streicht. In derselben Weise bringt man die obere Masseschicht ein. Die verbrauchte Reinigermasse kann mit der Schaufel entfernt werden. Der Reinigereinbau Bamag wird auch für senkrecht stehende Masseschichten, deren Seitenwände durch kleine Gerüste aus Jalousiebrettern gehalten und begrenzt werden, ausgeführt (s. Fig. 40).

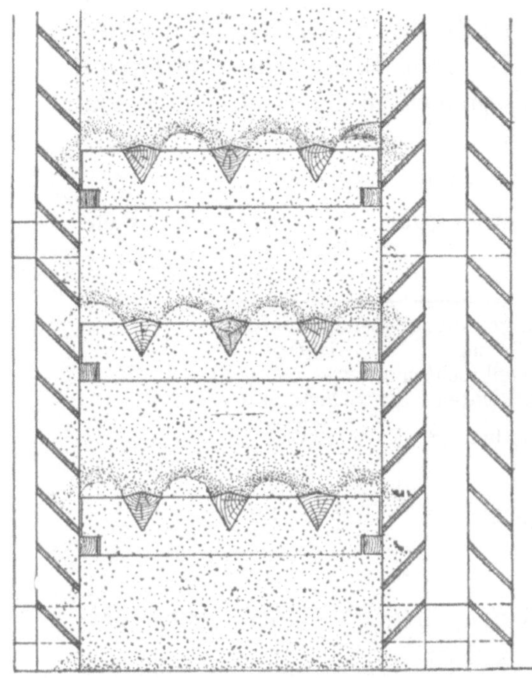

Fig. 40.
Aufrechter Querschnitt einer Horde.

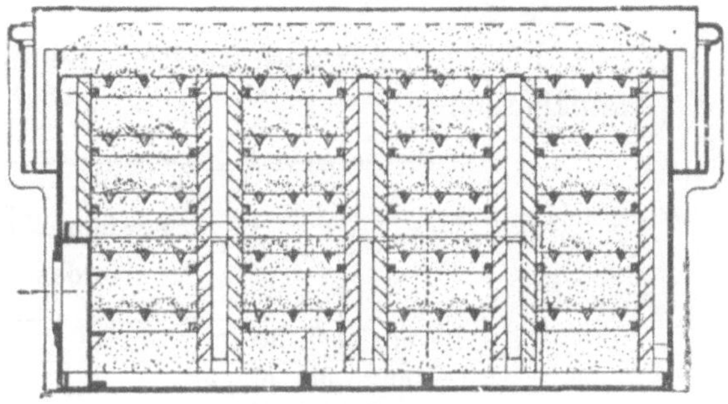

Fig. 41.
Aufrechter Querschnitt des Reinigers.

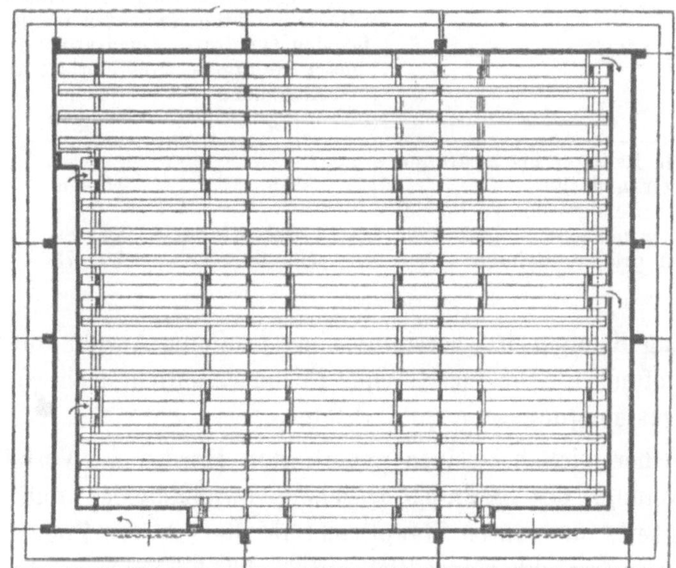

Fig. 42. Wagerechter Schnitt.

Fig. 40—42. Reinigereinbau Bamag mit senkrecht unterteilten Horden.

Je 2 gegenüberliegende Jalousiewände bilden mit der oberen Abdeckung die Ein- und Übergangskanäle für das Gas. Da die Jalousiewände ziemlich viel Raum verbrauchen, und deshalb weniger wirksame Masse vorhanden ist, zieht die Berlin-Anhaltische Maschinenbau-Akt.-Ges. für niedrige Reiniger (bis 1,8 m Höhe) den wagerechten Einbau vor und verwendet die senkrechte Ausführung nur bei den wegen ihrer schweren Zugänglichkeit verhältnismäßig selten angewandten Reinigern von mehr als 1,8 m Höhe. Über die pro qm Reinigerboden bei den verschiedenen Hordensystemen zu erzielende Fläche und Menge der eingebrachten Masse, sowie über die Kosten des Reinigereinbaus Bamag geben die nachstehenden Tabellen Auskunft.

Für jeden Quadratmeter Reinigerboden ergibt sich nach der Höhe annähernd:

	gewöhnliche Horden	Reinigereinbau Bamag mit senkrechten Schichten	Reinigereinbau Bamag mit wagerechten Schichten
Angriffsfläche qm	1,0	1,5 bis 1,8	2,0
Menge der eingebrachten Masse in cbm . . .	0,6 bis 0,8	0,8 bis 0,9	1,0 bis 1,2

Der Preis für den Reinigereinbau Bamag beträgt einschl. etwa notwendiger Änderung der Ein- und Ausgangskästen:

	Mit zwei wagerechten Masseschichten für den Quadratmeter Reinigerbodenfläche ℳ	Mit senkrecht stehenden Masseschichten für den Quadratmeter Reinigerbodenfläche ℳ
Für Reiniger bis zu 10 qm Grundfläche	65	80—90
Für Reiniger bis zu 20 qm Grundfläche	62	75—80
Für größere Reiniger . .	55—60	70—75

Der Bamag-Reiniger hat bereits in einer größeren Anzahl von Gasanstalten Verwendung gefunden. Die ausführende Firma verspricht sich von ihm gerade bei der Koksgasreinigung sehr gute Erfolge.

Jäger sichert sich bei seinen patentierten Horden die Vorteile der senkrechten Anordnung, des geringen Durchgangswiderstandes und der höheren Leistungsfähigkeit, ohne ihren Hauptnachteil, die schwere Zugänglichkeit, zu übernehmen. Er erreicht dieses Ziel durch die Vereinigung zweier Hordensysteme:

1. wagerechter Stabhorden, welche die Masse tragen und unterteilen, und
2. senkrechter Kanalhorden, welche wie die Jalousiewände beim Bamageinbau die Masseschichten seitlich begrenzen.

Die Elemente der Tragehorden (Fig. 43) haben auch hier einen dreieckigen Querschnitt, sind 1,1 m lang und werden durch Querbretter in der Anordnung

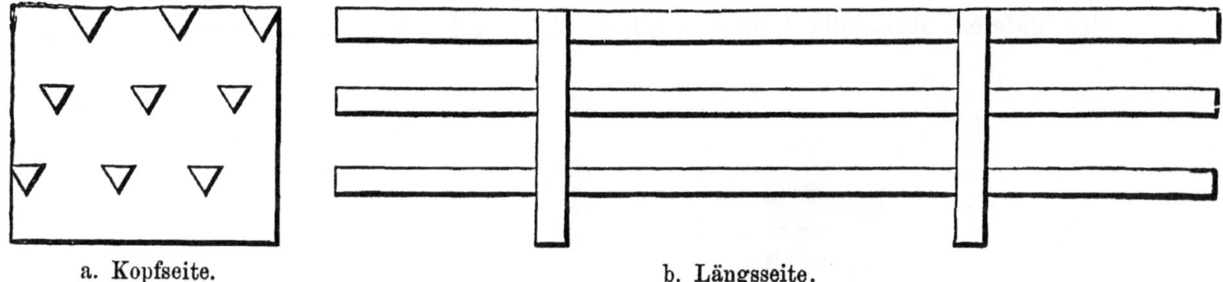

a. Kopfseite. b. Längsseite.

Fig. 43. Stabhorde nach Jäger.

der Figur gehalten. Die Kanalhorden setzen sich aus wagerecht verlagerten dünnen Brettchen von 5 cm Breite und 1,1 m Länge und drei stärkeren Verbindungsleisten zusammen (Fig. 44).

a. Kopfseite. b. Längsseite.

Fig. 44. Einfache Kanalhorde nach Jäger.

Die Kanalhorden dienen zum Abschluß der Reinigerwände nach außen hin. Zur Begrenzung der Stabhorden im Innern des Reinigers wird das in Fig. 45 veranschaulichte doppelte Hordensystem verwandt.

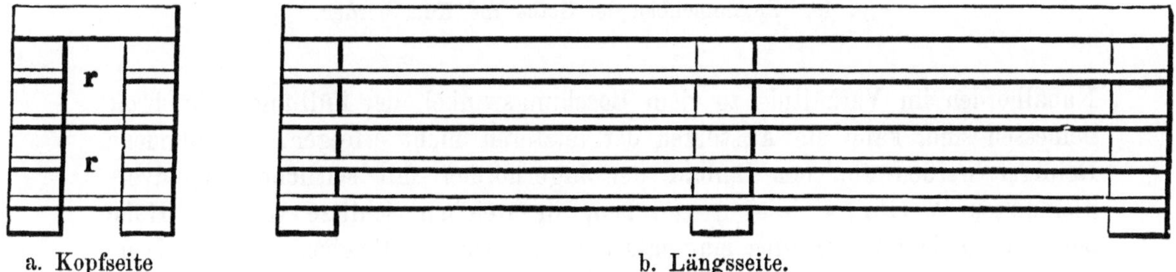

a. Kopfseite b. Längsseite.

Fig. 45. Doppelhorde nach Jäger.

Die Kanäle r bleiben von Masse frei und dienen je nach ihrer Lage als Verteilungs- oder Sammelwege für das Gas. Der Zusammenbau der Stab- und Kanalhorden, den die Fig. 46 veranschaulicht, erfolgt in der Art, daß jede

Stabhorde auf beiden Seiten durch eine Kanalhorde abgeschlossen wird. Die senkrechten Massestreifen a, a_1, a_2 werden durch zahlreiche Dreikantstäbe getragen. Infolgedessen treten stärkere Drücke, welche zu einer Verdichtung der unteren Masseteile führen würden, nicht auf. Da die Brettchen der

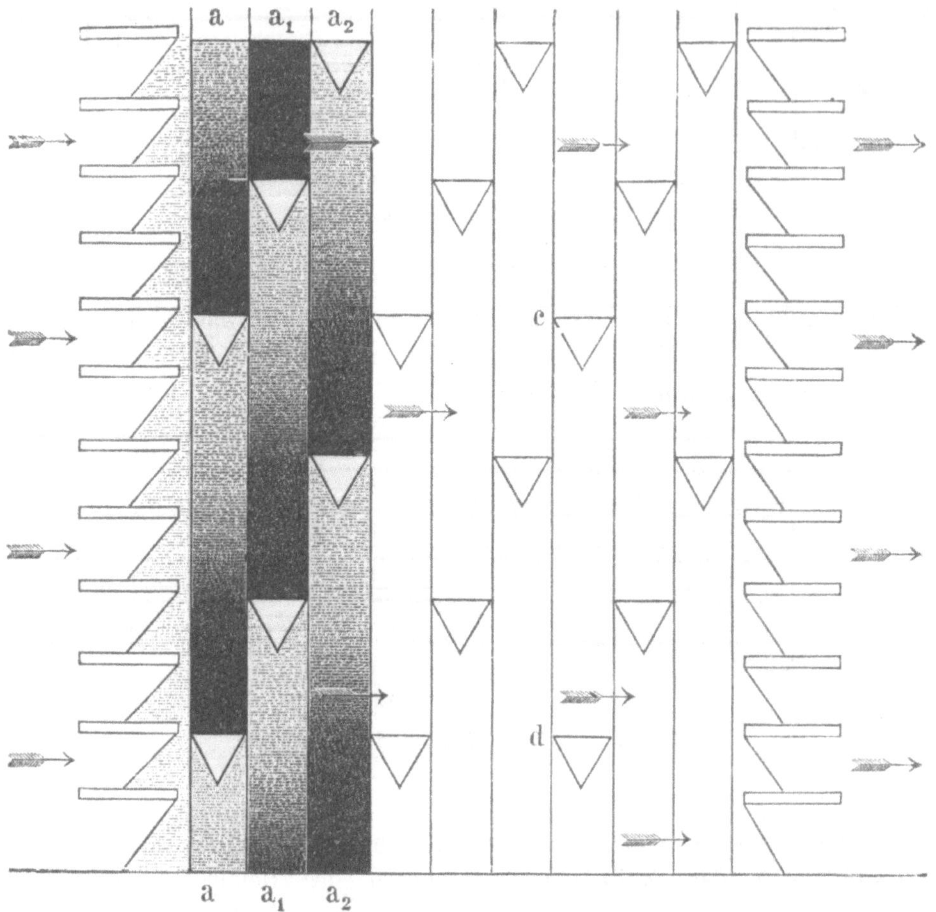

Fig. 46. Zusammenbau der Stab- und Kanalhorden.

Kanalhorden im Verhältnis zu dem Böschungswinkel der Füllung sehr breit bemessen sind, kann ein Abstürzen der letzteren nicht erfolgen. Vorhandene Reiniger werden für den Einbau der Jägerhorden mit seitlichen Wandverkleidungen W (Fig. 47 b u. c) versehen, in welchen Schlitze von der Höhe der aufgeschichteten Horden eingelassen sind. Da die Flächen der Wandverkleidungen sich sonst gasdicht an die Horden anlegen, kann der Gasein- und -austritt nur durch die Schlitze erfolgen. Um ein Durchfallen der Reinigermasse durch die letzteren zu verhüten, sind an der Rückseite der Verkleidungswand die nach unten spitz zulaufenden Taschen t angebracht, welche etwa eingebrochene Reinigungsmasse aufnehmen und dem Gase den Durchgang nach oben freihalten.

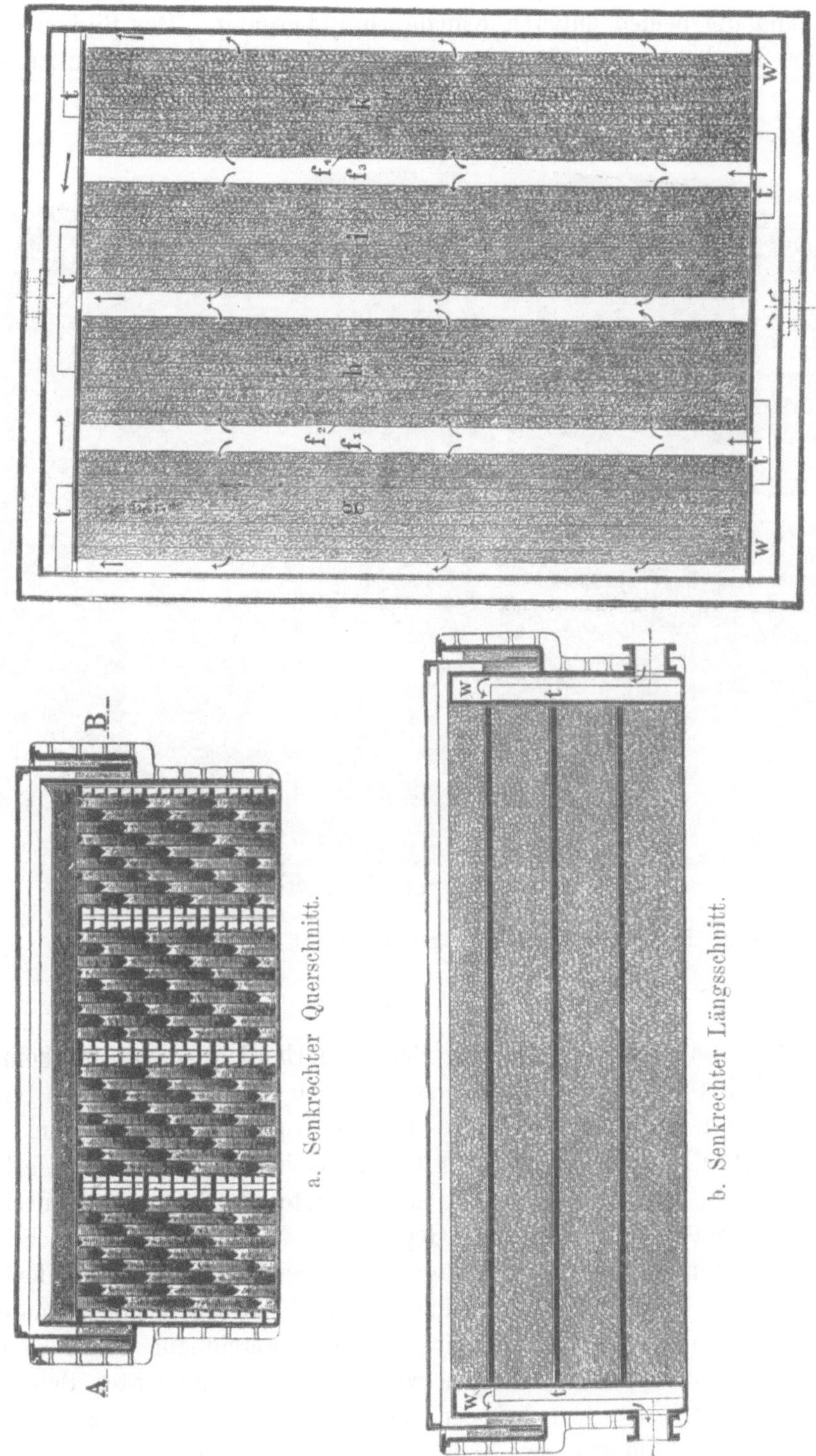

a. Senkrechter Querschnitt.

b. Senkrechter Längsschnitt.

c. Obere Ansicht.

Fig. 47 a—c. **Trockenreiniger mit Jägerhorden.**

Das Gas wird in zwei Strömen gegen die Flächen f_1 und f_2 bezw. f_3 und f_4 (Fig. 47 c) geführt, passiert die Horden und gelangt durch den mittleren und die beiden äußeren Kanäle zum Ausgang. Das Bild einer frei aufgebauten Hordenanlage (Fig. 48) läßt erkennen, daß die Ausnutzung des

Fig. 48. Frei aufgeführter Reinigereinbau mit Horden, Pat. Jäger.

Reinigerraumes bei der Verwendung der Jägerhorden recht vollkommen ist. Das Einfüllen der Masse geschieht wie bei dem Bamageinbau in der Weise, daß zuerst die unterste Horde in den Kasten eingebaut und dann mit Masse ausgefüllt wird. Nach dem Glattstreichen der letzteren folgt die zweite, dritte usw. Hordenreihe. Auf die oberste werden zur Abdeckung 150—250 mm Masse aufgetragen. Gegenüber den bisher gebräuchlichen wagerechten Horden sollen die von Jäger etwa 80 pCt. mehr Angriffsfläche bieten und 58 pCt. mehr Masse aufnehmen. Nach Beobachtungen in einer städtischen Gasanstalt in Berlin verarbeiteten 4 Reinigereinbaue dieses Systems bei gleicher Größe doppelt soviel Gas wie die mit wagerechten Schichten. Dabei betrug der Druckverlust bei den letzteren 150, bei den ersteren nur 90 mm. Über die Abmessungen und Leistungen der verschiedenen Typen der Reiniger, System Jäger, welche von der Firma S. Elster in Berlin in den Handel gebracht werden, gibt die nachstehende Tabelle Auskunft.

Grundfläche	Länge	Breite	Tiefe	Rohrdurchmesser	Gasgeschwindigkeit per Sekunde 5 mm	
					Ausreichend für eine Gasproduktion von cbm in 24 Stunden.	Bei Anwendung horizontaler Horden für eine Gasproduktion von nur cbm in 24 Stunden ausreichend.
qm	m	m	m	mm		
3.50	2	1,75	1,3	150	2 500 cbm	1 500 cbm
6	3	2	1,3	225	5 000 „	2 600 „
12	4	3	1,3	300	10 000 „	5 200 „
17,5	5	3,5	1,3	350	15 000 „	7 560 „
24	6	4	1,5	400	20 000 „	10 370 „
30	6	5	1,5	450	25 000 „	13 000 „
46	6	6	1,5	500	30 000 „	15 550 „

Die vervollkommnete Druckentlastung der Masseschichten gestattet die Ausführung 5—6 m hoher Reiniger, welche allerdings besondere Einrichtungen zur Füllung und Entleerung verlangen.

Die Verwendung der Tragestäbe bei den Reinigereinbauen Bamag und Jäger dürfte einen Fehler der alten Hordenkonstruktionen beseitigen, der sich gerade beim Motorenbetriebe recht störend bemerkbar machte. In den wenig verfestigten Masseschichten jener bildete der Gasstrom nämlich leicht Kanäle, welche das ungereinigte Gas durchtreten ließen. Auf verschiedenen Kokereien des Ruhrreviers half man sich damit, die Filterschichten ab und zu anzufeuchten und ihnen so eine größere Widerstandsfähigkeit gegen eine Zerteilung durch den Gasstrom zu geben. Bei dem Durchgang durch die Trockenreiniger gibt das Gas nicht allein seinen Schwefelgehalt an das Eisenerz ab, es wird durch die Filtration auch von den Teernebeln und den aus den Skrubbern bezw. Benzolwäschern mitgerissenen feinsten Teilchen von Wasser oder Schweröl befreit. Daher stehen die Trockenreiniger auch bei den Motoranlagen im Betrieb, wo man auf die Entschwefelung weniger Rücksicht zu nehmen braucht, als in Oberschlesien und Mährisch-Ostrau. Hier ersetzt man die Masseschichten ganz oder teilweise durch 15 bis 20 cm dicke Lagen von Sägemehl oder feiner Holzwolle. Auf der Julienhütte besteht beispielsweise die oberste Filterschicht aus Masse, die unteren aus Sägemehl. Die 1,2 m hohen Reinigerkästen nehmen 3 Horden von 1,5 m Quadratfläche und 20 cm Sägemehlschicht auf. Im ganzen sind 10 Kästen vorhanden, die zu zwei hintereinander und in 5 Gruppen parallel geschaltet sind. Diese Anordnung gestattet, ohne Schwierigkeiten einzelne Kästen zum Zwecke der alle 6 bis 8 Wochen erforderlichen Reinigung außer Betrieb zu setzen. Das verarbeitete Gas hat die Benzolwäsche passiert und wird hauptsächlich von Schwerölteilen befreit, welche bei der ursprünglichen Verwendung des Gases im ungereinigten Zustande Betriebsstörungen der Motoren verursachten.

Auf dem Borsigwerke stehen zwei größere Sägemehlreiniger von zwar nur 1 m Höhe, aber 3,5 m Quadratfläche im Betrieb, welche ebenfalls alle 6—8 Wochen gereinigt werden. Die 4 Reiniger auf dem Theresienschacht von je 1,95 qm Fläche und 0,75 m Höhe sind mit 2 Sägemehl- und Holzwolleschichten ausgerüstet und filtrieren das von der Ammoniakfabrik kommende

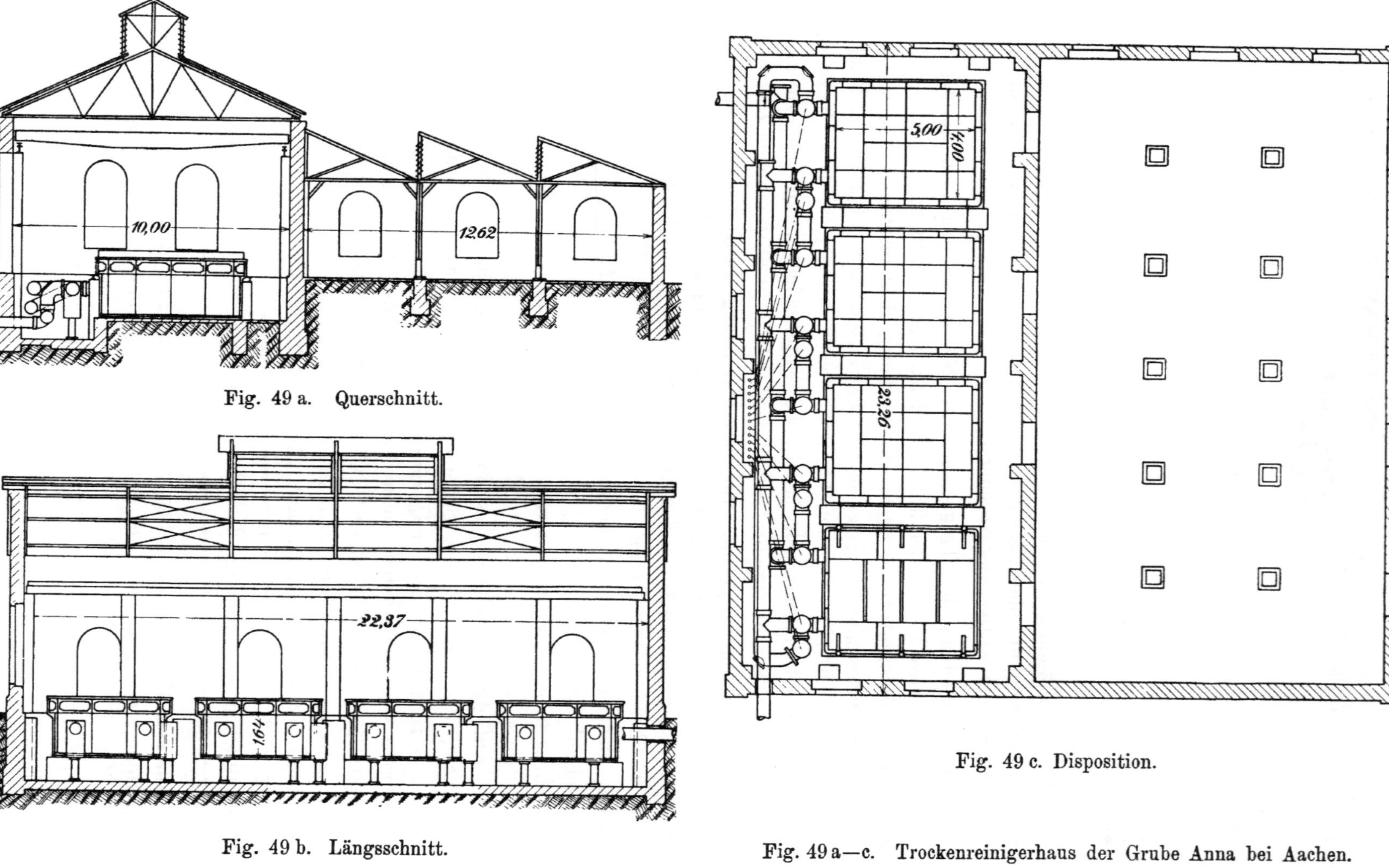

Fig. 49 a. Querschnitt.

Fig. 49 b. Längsschnitt.

Fig. 49 c. Disposition.

Fig. 49 a—c. Trockenreinigerhaus der Grube Anna bei Aachen.

Gas. Sie sollen hauptsächlich die aus den Skrubbern mitgerissenen Teer- und Wasserteilchen zurückhalten. Die Holzwolle liegt in offenen Kästen aus 4 mm starkem Siebblech mit 3 mm-Lochung. Da die vorgeschalteten Skrubber den Teer fast vollkommen aufnehmen, zeigt die Holzwolle nach achtwöchentlichem Gebrauch nur eine mäßige Verschmutzung. Die geringen Teerreste schlagen sich hauptsächlich an den Blechwänden nieder. Von den 4 Reinigern wechseln immer zwei im Betriebe ab, während das andere Paar in Reserve bleibt.*)

Auf den Schleswig-Holsteinschen Kokswerken weisen die Trockenreiniger drei Holzwolleschichten von je 20 cm Stärke auf. Die Holzwolle kommt in dem gepreßten Zustande, in welchem sie verschickt wird, zur Verwendung. Ihr Fasergewirr bietet dem Gase eine in der Wirkung den Blechen des Pelouze-Apparates ähnliche Stoßfläche und setzt außerdem der Kanalbildung einen größeren Widerstand entgegen als das Sägemehl. Des Versuches wert wäre der Gebrauch der äußerst fein porösen Schlackenwolle, die sich auf den Röchlingschen Eisen- und Stahlwerken zu Völklingen bei der Filtration der Gichtgase vorzüglich bewährt, zur Schlußreinigung auch des Koksgases.

Große Schwefelreinigungsanlagen werden von der Kölnischen Maschinenbau-A.-G. gegenwärtig für die Grube Anna des Eschweiler Bergwerksvereins und die Zeche Minister Stein ausgeführt. Bei der ersteren (Fig. 49a—c) nimmt ein Fachwerkgebäude von ca 23 m Länge und 10 m Breite 4 große Reiniger von je 5 × 4 qm Fläche auf, während in einem angebauten Schuppen von annähernd 13 m Tiefe die Reinigermasse zur Regenerierung ausgebreitet wird. Der Masseverbrauch ist auf 1 cbm für 10000 cbm Gas veranschlagt. Die Regeneration soll sich bei derselben Masse 10mal vornehmen lassen. Die Kästen können durch Wasserverschlußventile nach dem Gegenstromprinzip so geschaltet werden, daß nach dem Durchgang einer bestimmten Gasmenge der letzte vom Gase durchstrichene und am meisten mit Schwefel gesättigte Apparat ausgeschaltet und mit frischer Masse beschickt wird und an seine Stelle der zuerst vom Gas passierte Apparat tritt. Hierdurch wird mit möglichst wenig Masse ein Gas von stets gleichem Reinheitsgrade erzielt.

Eine bedeutende Vereinfachung und Verbilligung der Schwefelreinigung würde ein dauernder Erfolg des nassen Verfahrens herbeiführen, das auf Zeche Mathias Stinnes in Betrieb steht. Das Gas passiert dort einen Trommelwäscher, der zum Teil mit Wasser gefüllt ist. In dem Wasser ist fein zerteiltes Eisenoxydhydrat suspendiert, welches nach der Sättigung mit Schwefel als Schwefeleisenschlamm ausfällt. Ist das wirksame Eisenoxyd durch die fortschreitende Sulfidbildung aufgebraucht, so wird der Apparat aus dem Betrieb genommen und wechselweise durch den zweiten Reiniger ersetzt. Zur Regeneration des Schwefeleisenschlammes läßt man Druckluft durch den Reiniger blasen, wobei der Luftsauerstoff einen Teil des Schwefeleisens in Eisenoxydhydrat zurückführt.

---

*) Diese Angaben sind teilweise einem Bericht der Herren Dr. Reutter und Oberingenieur Hußmann an den Vorstand der Gelsenkirchener Bergwerks-Aktiengesellschaft entnommen.

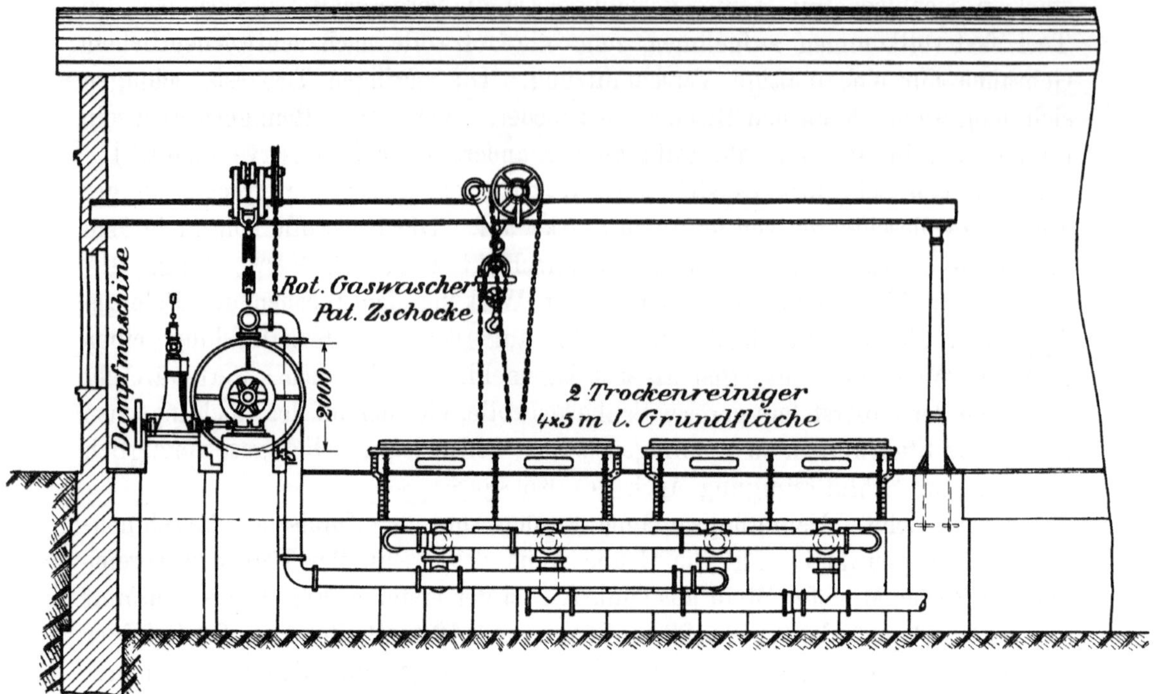

Fig. 50 a. Längsansicht.

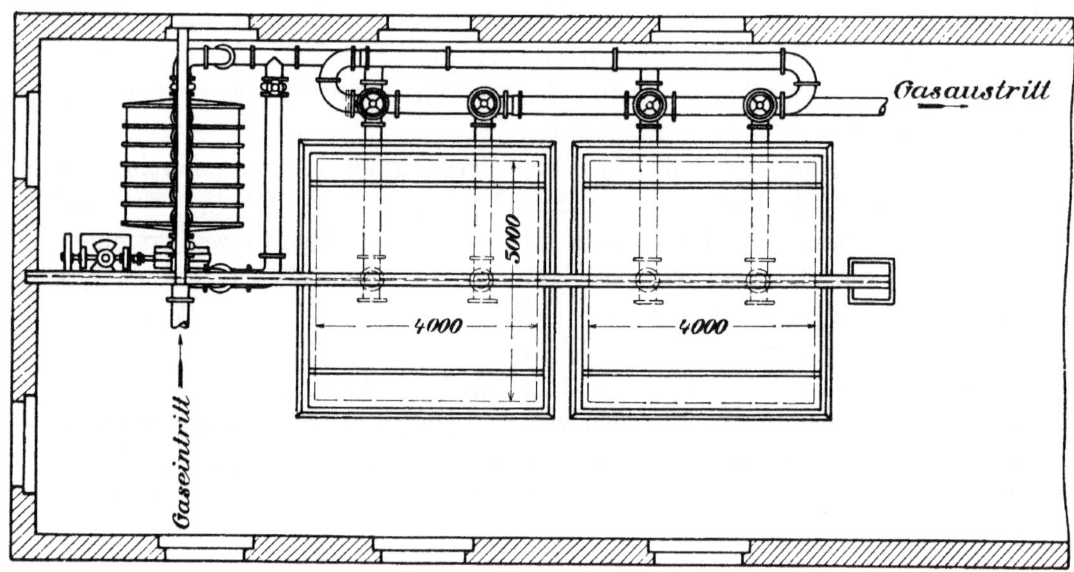

Fig. 50 b. Lageplan.

Beachtenswert erscheint auch die in Ausführung begriffene Teer- und Schwefelreinigungsanlage (Fig. 50a bis c), welche auf Zeche General Blumenthal das zum Antrieb eines 300 pferdigen Motors bestimmte Gas passieren

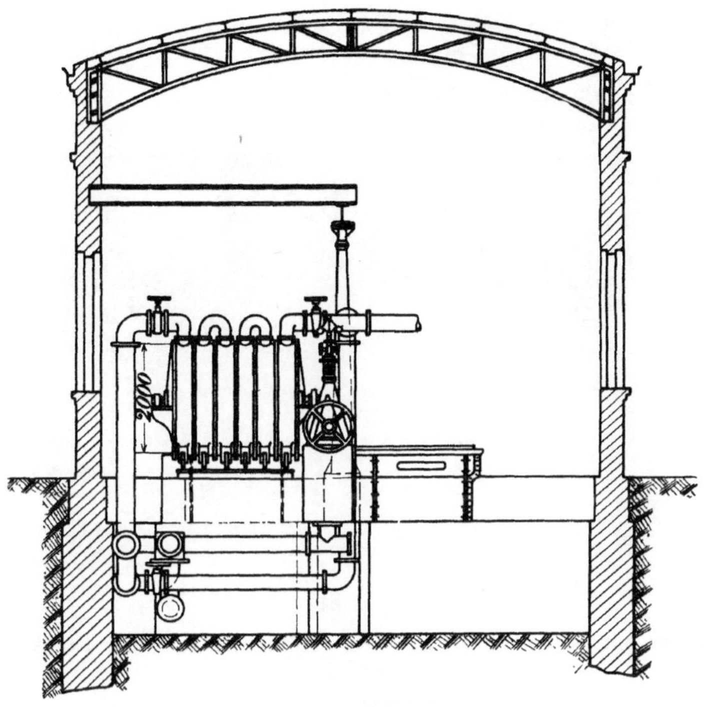

Fig. 50c. Seitenansicht.

Fig. 50a—c. Teer- und Schwefelreinigung für die Motoranlage auf Zeche General Blumenthal.

wird. Die letzten Teerbeimengungen sollen durch einen Zschockeschen Kugelwascher entfernt werden, während die Entschwefelung zwei Trockenreinigern von je 4 × 5 qm Fläche zufällt.

Die Bewegung und Druckregelung des Gases.

Die Zusammensetzung des Gases und die Wirksamkeit der Kühl- und Reinigerapparate wird wesentlich durch die Geschwindigkeit bezw. den Druck des Gases beeinflußt. Deshalb müssen bei seiner Verwendung zur direkten Krafterzeugung Druckschwankungen an den Motoren durch Regulierung der Gassaugergeschwindigkeit und den Einbau besonderer Ausgleichapparate so weit als möglich verhindert werden.

Die Saug- bezw. Druckkraft zur Bewegung des Gasstroms durch die Kondensations- und Reinigungsapparate liefern gewöhnlich rotierende Gassauger, seltener Kolbenpumpen, welche bei den von Brunck ausgeführten Nebenproduktenfabriken zur Verwendung kommen, oder Körtingsche Dampfstrahlsauger, wie sie auf Zeche Scharnhorst in Betrieb stehen. Die Flügelsauger und Gaspumpen werden durch Riemen oder direkt gekuppelte Dampfmaschinen betätigt.

Beim Riemenbetrieb kann der Sauger gewöhnlich durch Stufenscheiben (Fig. 51) für bestimmte Umdrehungszahlen fest eingestellt werden. Die Dampfmaschinen erhalten neuerdings vielfach außer ihrem Geschwindigkeits-

Fig 51.
Gassauger mit Stufenantriebsscheiben. Kölnische Maschinenbau-Akt.-Ges.

regler noch einen besonderen Regulator (System Hahn, Kölnische Maschinenbau-Akt.-Ges. usw.), welcher durch die Gasentwicklung beeinflußt wird.

Um bei plötzlichen Betriebsstörungen der Gassauger durch Abfallen der Riemen, Maschinenbrüche usw. dem Gasstrom einen Ausweg zu verschaffen, schaltet man häufig Umlaufsregler vor den Pumpen in die Leitungen ein.

Die Wirkungsweise dieser Apparate sei an dem in Fig. 52 a und b wiedergegebenen Umlaufsregler erklärt.

Bei dieser Ausführung tritt das angesaugte Gas in den Bodenraum des Apparates ein, der gegen die Druckseite durch ein Doppelsitzventil abgeschlossen wird. Die hohle Ventilspindel bringt diesen Raum mit dem Innern der unter atmosphärischem Druck stehenden Taucherglocke in Verbindung, deren Gewicht ausbalanziert ist. Es wird also die Ventilbewegung lediglich von der Differenz des Druckes in den Ofenvorlagen und der Atmosphäre beeinflußt, während der Druck hinter dem Sauger keine Einwirkung ausübt. Sinkt der Druck in den Vorlagen infolge geringerer Gasentwicklung oder zu starker Absaugung, so läßt das mit der Glocke herabgehende Ventil das Gas von der Druckseite nach der Saugseite zurücktreten und bringt dadurch den Druck in den Vorlagen auf die normale Höhe.

Umgekehrt wird, wenn der Sauger für die gerade herrschende Gasproduktion zu langsam geht oder infolge Versagens seines Antriebes plötzlich stillsteht, die Druckanstauung auf der Saugseite ein Heben der Glocke und

Fig. 52a. Ansicht.

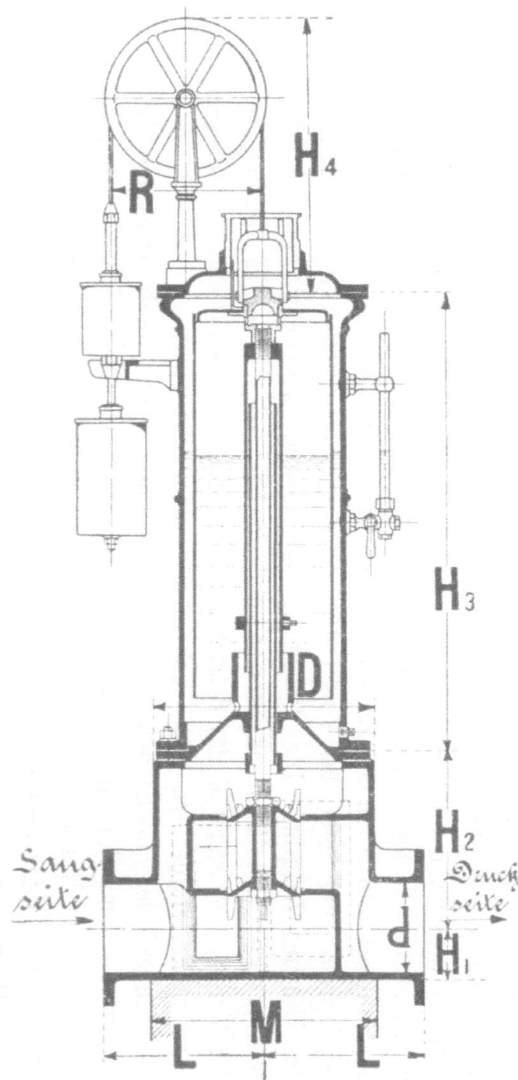

Fig. 52b. Schnitt.

Fig. 52a—b. Umlaufsregler der Kölnischen Maschinenbau-Akt.-Ges.

somit des Ventils bewirken und dem höher gepreßten Gase den Weg freimachen. Damit jedoch das Ventil sich nicht zu früh und plötzlich öffnet und der Behälterdruck nicht unvermittelt bis in die Vorlagen zurücktritt, ist das obere Gegengewicht über einer Aufsatzkonsole aufgehängt, auf welche es sich sofort beim Anheben des Ventils aufsetzt. Dadurch wird die Entlastung der Glocke verringert. Glocke und Ventil werden kurz nach dem Anheben noch so lange in der Mittelstellung (Schlußstellung des Ventils) gehalten, bis der Druck auf der Saugseite durch die Gaszuströmung so groß wie der Behälterdruck geworden ist, worauf dann erst das Ventil dem Gase mit dem vollen Rohrquerschnitt den Umgang freigibt. Die Belastung der oberen Gegengewichtshülse wird dem größten Behälterdruck entsprechend gewählt. Nach der Einstellung bei der Montage ist während des Betriebes an dem ganzen Apparat eine Verstellung nicht mehr erforderlich, da er vollständig selbsttätig wirkt.

Ein auf der Glocke befestigter Blechzylinder zeigt durch Deckung der Schlitze in dem ihn umgebenden Deckelhalse die jeweiligen Ventilstellungen an, sodaß eine Kontrolle der Wirkung des Apparates ohne weiteres gegeben ist. Eine Beeinträchtigung der Ventilwirkung durch Teeransammlung ist bei dieser Bauart ausgeschlossen, da aller Teer durch die Anschlußleitungen frei abfließt. Weil die gesamte Gasmenge nur in dem Ausnahmefalle eines Stillstandes des Gassaugers durch den Regler geht, während ihn in normalem Betriebe nur ein Bruchteil des Gases passiert, genügt es, seinen Durchgangsquerschnitt auf $^1/_2$ bis $^2/_3$ desjenigen der Saugerleitung zu bemessen.

Die Kölnische Maschinenbau-A.-G. führt diese Regler in 11 verschiedenen Größen für folgende Maße aus (Fig. 52 b):

Rohrdurchmesser d	100— 500	mm
Höhe vom Fundament bis zur Mitte des Rohres H_1	65 — 270	„
„ von Mitte Rohr bis zum Gehäuseflansch H_2	293— 590	„
„ des Gehäuses H_3	800—1300	„
„ von der Oberkante des Gehäuses bis zur Oberkante der Seilrolle H_4	570— 860	„
Durchmesser des Ventilgehäuses D .	295— 836	„
Preis	330—1700	ℳ.

Die größeren Druckschwankungen, welche durch den Wechsel in der Erzeugung und im Verbrauch des Gases entstehen, werden in erster Linie durch die Gasometer ausgeglichen. Wenn auch für diesen Hauptzweck eine kleine Bemessung genügt, so sollte man bei Kraftgasbetrieben immer eine größere wählen, weil in dem Gasometer erst das Gas einigermaßen zur Ruhe kommt und dort die letzten mitgerissenen Unreinigkeiten absetzt. Den trefflichen Einfluß, den große Sammelräume auf die Reinheit des Gases ausüben, kann man auf der Stummschen Kokerei beobachten, wo zwischen der Ammoniakfabrik und der Kraftanlage eine lange weite Gasleitung liegt. In ihr und dem Gasometer fallen beträchtliche Teerreste aus, welche aus den Rohren ab und zu durch eingeleiteten Dampf entfernt werden.

Weiter oben ist schon darauf hingewiesen, daß große Gasometer die für den Motorantrieb recht erstrebenswerte Mischung des Gases vermitteln und dadurch den Ausgleich der Heizkraftschwankungen befördern. Als Beispiel

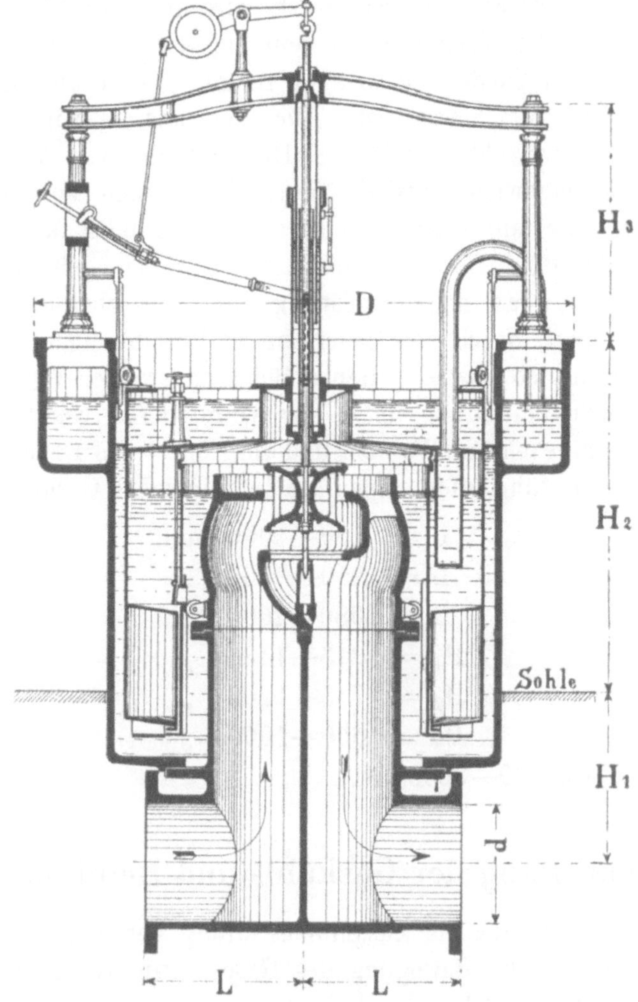

Fig. 53.
Gasdruckregler der Kölnischen Maschinenbau-Akt.-Ges.

für richtige Bemessung sei der Gasometer auf dem Theresienschacht angeführt. Er faßt 375 cbm Gas oder 0,63 cbm pro Pferdekraftstunde der Kraftanlage, kann also das Gas für einen annähernd einstündigen Betrieb zweier 300 PS-Motoren aufspeichern.

Außer den Sammelbehältern stehen für die Druckausgleichung bei den meisten Kraftanlagen noch kleinere Gasometer oder Druckregler besonderer Konstruktion in Anwendung, welche entweder in den Hauptgasstrom oder, wie auf dem Theresienschachte, in die zu den Motoren führenden Zweigleitungen eingeschaltet sind.

Diese Druckregler weichen je nach der Herkunft in ihrer Anordnung weit voneinander ab. Neuartig ist der Druckregler der Kölnischen Maschinenbau-A.-G., bei welchem die Einstellung für wechselnden Druck nicht durch Auflage und Wegnahme von Gewichten, sondern durch die von dem Apparat selbsttätig regulierte Wasserbelastung einer Tauchglocke erfolgt.

Die Einrichtung des Apparates, die in einzelnen Teilen große Ähnlichkeit mit der des Umlaufreglers (Fig. 52) besitzt, wird durch Fig. 53 veranschaulicht. Das Gas steigt auf der einen Seite in dem aufrechten Schenkel eines ⊥-Rohres auf, der durch eine Scheidewand in zwei Räume geteilt und nach oben durch ein Doppelsitzventil verschlossen ist. Die Ventilstange wird zur Abdichtung durch einen Wasserverschluß geführt. Das Gewicht von Ventil und Stange ist durch ein Gegengewicht ausbalanziert. Über dem Ventilraum sitzt die Tauchglocke, welche am oberen Ende zu dem Gefäße für das Belastungswasser ausgebildet ist. Der Innenraum des Gefäßes steht mit einem feststehenden Reservoir, das sich ringförmig um den oberen Teil des großen Wasserbehälters legt, durch ein Heberrohr in Verbindung. Geht die Tauchglocke in die Höhe, so läßt der Heber Belastungswasser von der Glocke ablaufen, wobei sich der Druck unter ihr vermindert. Sinkt sie, so schlägt das Wasser den umgekehrten Weg ein und vergrößert den Druck. Die Kölnische Maschinenbau-A.-G. führt diese Apparate in folgenden Grenzmaßen aus:

d = 100—1000 mm,
L = 250— 950 „
D = 1080—2600 „
H_1 = 215—1485 „
H_2 = 745—1200 „
H_3 = 600—1000 „

Preis 900—5600 ℳ.

Zusammenstellung der Gaskühl- und Reinigungsanlagen.

Als typisches Bild für die Zusammenstellung der einzelnen Apparate zur Kühlung, Reinigung und Bewegung des Gases sowie zur Regelung des Gasdruckes sei der Situationsplan der Anlage auf Theresienschacht*) hier wiedergegeben (Fig. 54).

Das Gas passiert zunächst 3 im Freien aufgestellte Luft- und 4 Wasserkühler L bezw. Gk und geht dann zur Kondensation. Diese setzt sich aus 2 Suess-Voreinigern V, 4 Gassaugern E, einem Schlußkühler S und 4 Glockenwäschern G zusammen. In dem linken Seitenraume ist die Ammoniakfabrik mit den Destillationsapparaten D, den Sättigungskästen S, der Zentrifuge C, dem Trockenofen O und der Kugelmühle K untergebracht. Hinter dem Gebäude liegen die Gruben für die Aufnahme des Teeres und Ammoniakwassers. Aus

*) Öst. Ztschr. für das Berg- und Hüttenwesen 1903, Nr. 9.

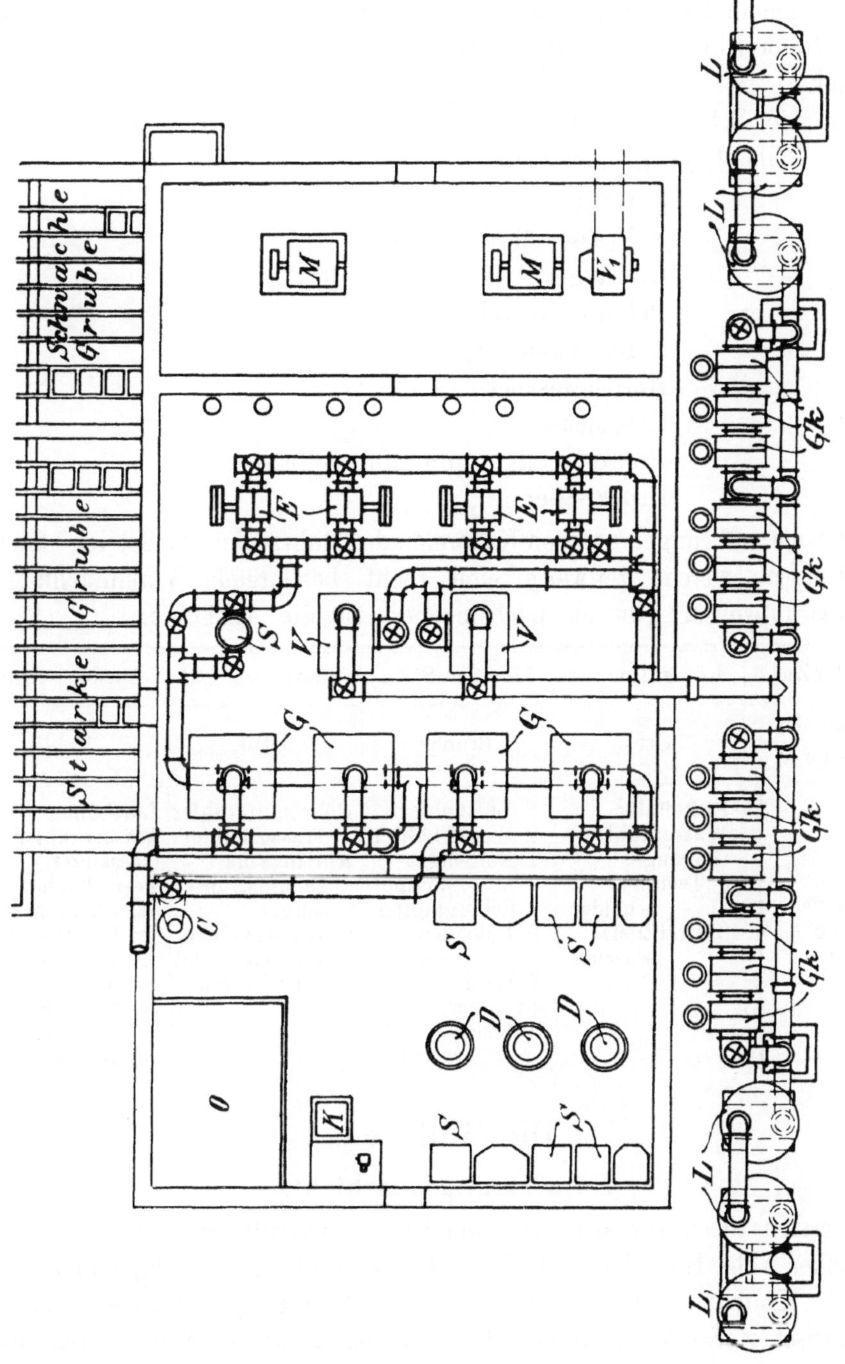

Fig. 54. Situationsplan der Gaskondensations- und -reinigungsanlage auf dem Theresienschacht bei Mährisch-Ostrau.

den Glockenwaschern tritt das Gas in einen kleinen Gassammler, aus dem ein Teil des Gases zur Kesselheizung geführt wird, während das für den Motorenbetrieb bestimmte 2 Koksskrubber und 2 Reiniger passiert und dann in den großen Sammelbehälter geht. An diesem setzen drei Zweigleitungen an, welche zu den Motoren führen. Wie bereits erwähnt, sind hier kleine Druckregler eingebaut.

Auf den Schleswig-Holsteinschen Kokswerken hat man die Apparate in folgender Reihenfolge gruppiert:

6 Lufttkühler,
2 Wasserröhrenkühler,
Gassauger,
Pelouze-Teerscheider,
2 Röhrenkühler,
Hordenwascher,
Gasometer,
Trockenreiniger mit Holzwolleschichten,
Druckregler.

Über die auf einigen neueren Kokereien des Ruhrreviers in Betrieb stehenden Einrichtungen, welche teilweise eine recht bedeutende Vereinfachung des Apparates aufweisen, gibt die nachstehende Tabelle Auskunft:

Kokerei der Zeche	König Ludwig	Minister Stein	Scharnhorst I/II	Mathias Stinnes
Erbauer der Anlage	Otto	Brunck	Otto	—
Zusammensetzung der Anlage	Luftkühler Wasserkühler Gassauger 3 Teerabscheider 3 Drahtnetzwascher	6 Luftkühler 2 Wasserkühler 1 Kolbengaspumpe 2 Schlußkühler 2 Kolonnenwascher 1 Hordenwascher 3 Benzolwascher	Röhrenluftkühler 1 Wasserkühler Körtingsche Dampfstrahlsauger 2 Wasserkühler Ammoniak- und Benzolwascher	Luftkühler Wasserkühler Gassauger Teerscheider Waschanlage a. Cyanwascher b. Ammoniakwascher c. Schwefelwascher nur für Kraftgas d. Benzolwascher

Die Motoren.

Entwicklungsgeschichte.

Die ersten Ideen für den Bau von Explosionskraftmaschinen entwickelten die Physiker Abbé Hautefeuille (1670), Huyghens (1680) und Papin (1690). Sie wollten die Kraft des Pulvers in den friedlichen Dienst des Antriebes sogenannter atmosphärischer Maschinen stellen, des Systems, das auch bei den ersten Dampfmotoren von Papin und Newcomen (1705) zur Verwendung kam. Bei ihm wurde die Explosions- bezw. Dampfkraft nicht unmittelbar zur Bewegung des Kolbens, sondern zur Herstellung einer Luftverdünnung im Zylinder benutzt, in den der Druck der Außenatmosphäre beim kraftäußernden Hub den Kolben hineinpreßte. Im 19. Jahrhundert trat die Entwicklung der Gaskraftmaschine beinahe bis zum Ende gegenüber den gewaltigen Fortschritten, welche in der Ausbildung des Dampfmotors gemacht wurden, sehr in den Hintergrund, wohl hauptsächlich deshalb, weil es der Technik an den Hilfsmitteln zur Überwindung der konstruktiven Schwierigkeiten gebrach, die der Bau des Gasmotors vor dem der Dampfmaschine bot. Zwar beschäftigten sich einzelne Erfinder, besonders in dem damals auf dem Gebiete der Maschinentechnik fast unumschränkt herrschenden England, dauernd mit der Idee, die Gasenergie direkt in Betriebskraft umzusetzen; ihre Versuche lieferten zwar wertvolles Material für die nachkommenden Konstrukteure, aber keine brauchbare Maschine. Der erste Motor, der in der Praxis Interesse erregte, war die Gasmaschine von Lenoir, die anfangs der 60er Jahre erschien, um bald darauf wegen ihres außerordentlich hohen Gasverbrauchs wieder zu verschwinden. Diese Konstruktion unterschied sich nur wenig von der Dampfmaschine; das explosible Gemenge, karburierte Luft, wurde durch den Schieber abwechselnd in den vorderen und hinteren Zylinderraum eingelassen und zur Entzündung gebracht. Der Kolben leistete bei jedem Hube unter dem Druck der expandierenden Verbrennungsgase Arbeit, es handelte sich also um einen sogenannten Eintaktmotor.

Auf der Pariser Ausstellung im Jahre 1867 erregte die mit Zahnstangenantrieb arbeitende atmosphärische Maschine der Deutschen Otto und Langen, deren Modell auf der Düsseldorfer Ausstellung 1902 zu sehen war, wegen ihres sparsamen Gasverbrauchs (800 l Leuchtgas pro 1 PS^h gegenüber 2500 l bei Lenoir) großes Aufsehen. Doch war auch diese Konstruktion zu kompliziert, um den Bedürfnissen der Praxis zu entsprechen. Fast gleichzeitig mit Lenoir hatten Million und Beau de Rochas neue Verfahren zur Umwandlung der Gaskraft in Arbeitsenergie angegeben, deren wesentlichste Merkmale in der Herabsetzung der Zylinderabmessungen, die bei der Verwendung ungespannter Gemische außerordentlich groß genommen werden mußten, sowie in der Erzeugung einer kürzeren und vollkommeneren Verbrennung, alles erzielt durch die Kompression des Gasgemisches vor der Explosion, bestanden. Beau de Rochas ging noch einen Schritt weiter und empfahl den Arbeitsvorgang, der bis in die neueste Zeit hinein für die Entwicklung der Gaskraftmaschine vollkommen grundlegend war, die Viertaktwirkung. Bei ihr wird die Motorarbeit in einzelne Perioden von je 4 Hüben zerlegt. Innerhalb einer Periode ist das Spiel der Maschine folgendes:

1. Hub (Saughub): Kolbenvorgang*); Ansaugen des Gasgemisches.
2. Hub (Verdichtungshub): Kolbenrückgang*); Verdichtung des Gasgemisches.
3. Hub (Arbeitshub): Explosion des Gasgemisches und Kolbenvorgang unter Arbeitsleistung.
4. Hub (Auspuffhub): Kolbenrückgang, dabei Verdrängung der Verbrennungsprodukte aus dem Zylinder.

*) Kolbenvorgang: nach der Kurbelseite, Kolbenrückgang: nach der Zylinderseite.

Das Einströmventil ist während des Saughubes gelüftet. Das Auspuffventil öffnet sich am Ende des Arbeitshubes für die Dauer des Auspuffhubes.

In einer derartigen Periode liefert das Gas also während des 3. Hubes nicht allein die vom Motor abzugebende, sondern auch die für die Ausführung der 3 übrigen Hübe notwendige Kraft, die in rotierenden Schwungmassen aufgespeichert werden muß.

Mitte der 70er Jahre erkannte Otto die Vorzüge der Gemischkompression wie des Viertaktsystems und verwertete sie bei einer Ausführung, die als erster praktisch verwendbarer Gasmotor 1878 auf der Pariser Ausstellung erschien. Zur Verwertung der Ottoschen Erfindungen wurde in Deutschland die Gasmotorenfabrik Deutz gegründet. Im Ausland nahm eine größere Anzahl von Firmen das Ottosystem auf. Im Jahre 1885 gingen auch die Gebrüder Körting, die einige Jahre vorher mit der Konstruktion eines Eintaktmotors hervorgetreten waren, zu dem Viertaktsystem über.

Der eigentliche Aufschwung der Gasmotorenindustrie fällt mit der beispiellosen Entwicklung der elektrischen Kraftübertragung zusammen. Die Zwischenschaltung der elektrischen Transmission zwischen Gasmotor und Arbeitsmaschine vergrößerte das Verwendungsgebiet des ersteren außergewöhnlich, weil dieser indirekte Weg die Gaskraft zum Antrieb von Maschinen befähigte, für deren unvermittelte Betätigung sie nicht verwendbar war. Die Ära des Baues von Großgasmotoren setzte mit den Anfängen der Gichtgasverwertung gegen Mitte der 90er Jahre ein. Den bereits erwähnten Fabriken Deutz und Körting, die sich sehr große Verdienste um die Entwicklung der Gasmotoren erworben haben, gesellte sich damals eine Reihe altbewährter Konstruktionsfirmen zu, von denen die Nürnberg-Augsburger und die Berlin-Anhalter Maschinenbau-Akt.-Ges., die Maschinenfabrik Breitfeld, Daněk u. Cie in Prag u. a. das Viertaktsystem adoptierten, während die Deutsche Kraftgas-Gesellschaft in Berlin, A. Borsig in Tegel und die Ascherslebener Maschinenfabrik als Lizenznehmer die Verwertung der Patente von Wilhelm von Oechelhäuser auf einen Zweitaktmotor übernahmen. Bei diesem System sind die Arbeitsvorgänge, welche sich beim Viertaktmotor auf 4 Hübe verteilen, auf 2 Hübe folgendermaßen beschränkt:

1. Hub: Krafthub, an dessen Ende Auspuff der Explosionsgase und Ansaugen neuen Gemenges.
2. Hub: Das Gemisch wird durch die Kolben komprimiert und zur Entzündung gebracht.

In dieser weiter unten eingehend dargelegten Weise arbeiten die Zweitaktmaschinen von Gebrüder Körting und Oechelhäuser. Diese Konstruktionen zielen wie die neueren Ausführungen von doppeltwirkenden Viertaktmotoren durch die Gasmotorenfabrik Deutz und die Nürnberg-Augsburger Maschinenbauanstalt darauf ab, der Gaskraftmaschine im Verhältnis zu ihren Abmessungen und ihrem Gewichte eine erhöhte Kraftwirkung zu verleihen und außerdem eine größere Gleichmäßigkeit des Ganges wie bei dem einfachen Viertaktsystem herbeizuführen.

Die Viertaktmotoren.

Einfachwirkende.

Zur Besprechung gelangen in diesem Kapitel die Systeme Deutz, Körting, Berlin-Anhalter Maschinenbau-A.-G. und Delamare-Deboutteville in der Ausführung der Maschinenfabrik Breitfeld, Daněk u. Cie.

Der Viertaktmotor der Gasmotorenfabrik Deutz. Als Grundtypus der neueren Viertaktmaschinen ist der Otto-Motor der Gasmotorenfabrik Deutz anzusehen. Wie die Figur auf Texttafel b zeigt, ist bei ihm der Zylinder A^1 in den Rahmen A so eingesetzt, daß zwischen A und A^1 ein konzentrisch begrenzter Raum zur Aufnahme des Kühlwassermantels frei bleibt.

Auf der anderen Seite trägt A die Lager der Kurbelachse. Mit dem Zylinder ist der Zylinderkopf B, der die Ventile und die Zündvorrichtung aufnimmt, durch eine Flanschenkupplung verbunden. Das Einströmventil H und das Ausströmventil K (Fig. 55 u. 56) sind übereinander angebracht und zwar

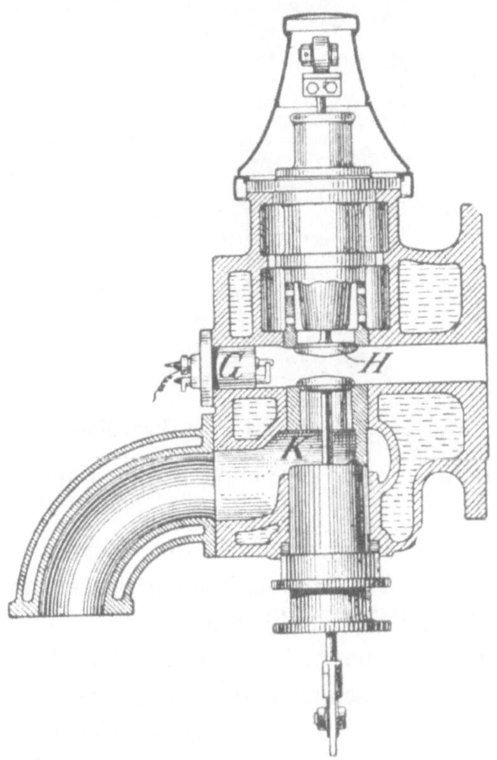

Fig. 55. Schnitt durch das Ventilgehäuse.

so, daß H von oben, K von unten in den Zylinderkopf hineinragt. Ersteres öffnet sich nach unten, letzteres nach oben. Um ein Verziehen der Ventilspindeln zu verhindern, werden beide besonders gekühlt. Die Mischung von Gas und Luft geht in dem Gehäuse des Einströmventils H vor sich. Die Luft strömt aus der Ansaugeleitung in den unteren Teil des Ventilgehäuses, das Gas tritt durch den Gashahn N (Fig. 56) und das seitlich angebrachte Gasventil C in den oberen Teil und mischt sich, von dort in zahlreichen

Löchern austretend, innig mit der im unteren Gehäuseteil enthaltenen Luft. Das Gas- und Luftgemisch gelangt dann durch das Einströmventil in den Zylinder.

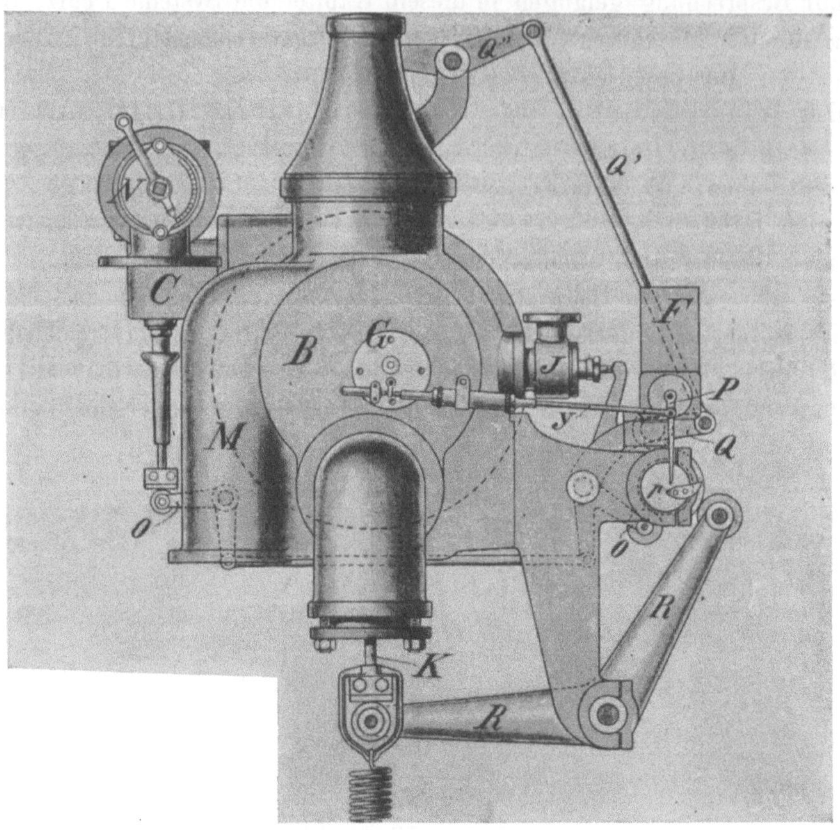

Fig. 56. Rückansicht des Ventilkopfes.

Die Zündung erfolgt durch den elektrischen Funken, seltener durch ein Glührohr.

Den Strom für die erstere Zündmethode liefert die kleine magnetelektrische Maschine F (Texttafel b u. Fig. 56), bestehend aus einem Satz Stahlmagnete und einem zwischen ihren Polen drehbaren Anker.

Durch einen von der Steuerwelle betätigten Hebel P wird der Anker bei jedem zweiten Umlauf der Maschine gegen die Magnete verdreht. Dabei wird eine Feder gespannt, die den Anker gleich darauf zurückschnellen läßt. Bei der Bewegung der Spule durch das magnetische Feld entsteht ein kurzer kräftiger Strom, der zu dem im Zylinderkopf eingebauten Unterbrecher (Fig. 57) geleitet wird. Der letztere besteht aus dem Gehäuse x^5, in welchem der durch Asbestplättchen isolierte Zündstift x^3 und darunter der Zündhebel ww^1 sitzt. Im Ruhezustande liegt der innere Arm

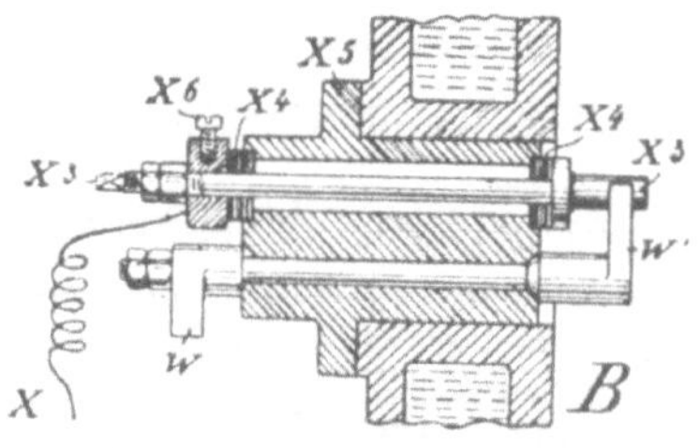

Fig. 57.
Elektrische Zündvorrichtung.

Einzylindriger Viertakt-Gasmotor, System Otto der Gasmotorenfabrik Deutz.

des Hebels w an dem isolierten Kontaktstift, welcher durch den Draht x mit dem gleichfalls isolierten Pol des Magnetinduktors verbunden ist, während der andere im Erdschluß liegende Pol ww[1] mit dem ebenfalls geerdeten Gehäuse des Stromerzeugers in leitender Berührung steht.

Den geschlossenen Stromkreis unterbricht die von dem zurückschnellenden Hebel P betätigte Stoßstange (Fig. 56), welche den Hebel w aus seiner Lage bringt und dadurch einen kräftigen Unterbrechungsfunken in der Explosionskammer erzeugt.

Bei der Glührohrzündung (Fig. 58) wird ein in dem Brennergehäuse v befindliches Porzellanröhrchen durch einen Bunsenbrenner bis zur Glut erhitzt. Das Rohr ist auf der einen Seite geschlossen und steht auf der anderen mit dem Kompressionsraum durch den Zündkanal u in Verbindung; u wird durch das Zündventil s in dem geeigneten Momente freigegeben. s ist als Doppelsitzventil ausgebildet. Sein innerer Sitz verbindet den Zylinder mit dem Zündrohr, der äußere das Zündrohr mit der Atmosphäre.

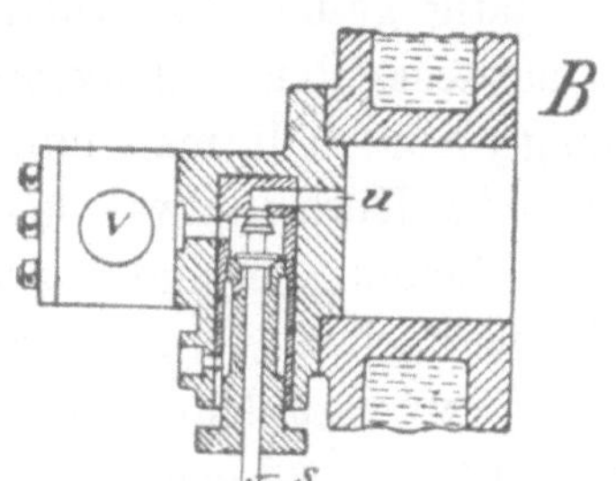

Fig. 58. Glührohrzündung.

Vor der Zündung werden beide Sitze kurze Zeit durch die Steuerung geöffnet. Dabei treibt der Druck im Zylinder die im Zündkanal und in seiner Nähe befindlichen unverbrennbaren Gase aus, an deren Stelle frisches, zündfähiges Gemenge tritt. Gleich darauf schließt das Ventil den Ausgang nach der Atmosphäre ab; es stauen sich die Gase im Zündrohr und kommen zur Explosion.

Die Steuerung aller bewegten Organe wird durch eine am Motor entlang geführte Steuerwelle S (Texttaf. b) ausgeführt, welche durch Schneckenräder von der Kurbelwelle mit ihrer halben Umdrehungszahl angetrieben wird. Auf der Steuerwelle sitzende Nockenscheiben wirken auf die Hebel der einzelnen Ventile; so wird das Ausströmventil K durch Hebel R, das Einströmventil H durch Hebel Q, Stange Q′ durch Hebel Q″, das Gasventil C durch Hebel O betätigt (Fig. 56). Die Steuerung des elektrischen Zündapparates erfolgt durch den von dem Nocken p bewegten Hebel P.

Zur Regulierung der Geschwindigkeit dient das Zentrifugalpendel E, welches die auf der Steuerwelle verschiebbare Nockenscheibe T des Gasventils vorstellt (Texttaf. b). Die Regulierung erfolgt bei den Motoren dieser Type entweder durch den Ausfall ganzer Gasfüllungen (Aussetzerregulierung) oder wenn, wie beim Antriebe elektrischer Maschinen, diese wegen des verlangten hohen Gleichförmigkeitsgrades nicht anwendbar ist, durch Veränderung des Gasgehaltes der Ladung (Gemischregulierung).

Bei der Aussetzerregulierung kommt ein schmaler, grader Gasnocken zur Verwendung, der bei der Überschreitung der zulässigen Umdrehungszahl von dem Regulator so abgelenkt wird, daß er das Gasventil nicht öffnen kann. Es tritt also in der Saugperiode nur Luft in den Zylinder, und eine Kraftäußerung auf den Kolben unterbleibt so lange, bis mit der sinkenden Tourenzahl der Regulator wieder in seine normale Stellung zurückgeführt wird.

Bei der Gemischregulierung betätigt das Zentrifugalpendel einen schrägen Nocken, welcher das Gasventil mehr oder weniger weit öffnet und so Ladungen von wechselnder Kraftleistung herstellt.

Eine besondere Sicherung ist für den Fall vorgesehen, daß der Motor bei Überlastungen oder Betriebsstörungen plötzlich stehenbleibt. Hat der Nocken dann das Gasventil geöffnet, so könnte ein Gasaustritt durch das Gehäuse des Einströmventils und die Luftleitung in den Maschinenraum erfolgen. Um diese Gefahr zu verhindern, hat man an dem Regulator eine Einrichtung getroffen, die beim Unterschreiten einer gewissen Mindesttourenzahl die Nockenscheibe nach links ablenkt, wobei das Gasventil geschlossen bleibt.

Zum Anlassen des Motors wird durch ein selbsttätig gesteuertes Anlaßventil J (Texttaf. b u. Fig. 56) und ein ebenfalls automatisches Rückschlagventil Preßluft in den Zylinder geleitet. Vor dem Ingangsetzen stellt man durch ein Reibungsschaltwerk das Schwungrad so ein, daß die Kurbel etwas über denjenigen inneren Totpunkt hinaussteht, in dem die Zündung erfolgt. Auf der Nockenscheibe des Austrittsventils befindet sich ein zweiter, sog. Anlaßnocken, der für den Betrieb nicht in Betracht kommt, sondern lediglich zur Erleichterung der Schwungradeinstellung dient. Dazu bringt man den Antrieb des Ausströmventils in eine derartige Lage, daß er über beide Nocken geht. In der Kompressionsperiode wird dann ein Teil der Ladung durch das geöffnete Ventil aus dem Zylinder gedrängt, sodaß beim Andrehen des Rades der Widerstand des Kompressionsdruckes fortfällt. Zur weiteren Vorbereitung des Anlassens wird die bei dem Stillsetzen von dem Regulator ausgerückte Gasnockenscheibe durch Einklinken eines am Regulatorgestell verlagerten Anlaßhebels wieder in die Betriebslage gebracht. Dann läßt man die Preßluft zu, worauf sich der Motor in Gang setzt. Beim Überschreiten einer gewissen Tourenzahl fällt der Anlaßhebel selbsttätig in seine normale Stellung zurück und gibt den Regulator frei; der Druckluftzufluß wird durch das Ventil J so reguliert, daß nur während eines Teiles des Kolbenweges jeder Arbeitsperiode Druckluft in den Zylinder tritt, die in der Ausblaseperiode durch das Ausströmventil entweicht. Nach einigen Umdrehungen öffnet man den Gashahn und stellt nach der ersten Zündung die Druckluft ab.

Zur Zylinderschmierung dient eine Ölpumpe, deren Gang von der Motorwelle aus reguliert wird. Die Kurbelachsenlager sind mit Ringschmierung versehen.

Die neueste Type G 9 der Deutzer Gasmotorenfabrik (Fig. 59) zeigt gegenüber der vorbeschriebenen eine weitere Vereinfachung der Bauart, die sich auch äußerlich bemerkbar macht (vergl. Texttaf. b).

Der Boden des Zylinderkopfes wird als besondere Platte aufgeschraubt, wodurch ermöglicht wird, daß sich die Wandungen des Explosionsraumes gegen den Kühlwassermantel ausdehnen, ohne daß schädliche Spannungen entstehen.

In dem aus Spezialhartguß hergestellten Zylinder ist der langgehaltene Kolben durch federnde Ringe aus weichem Gußeisen abgedichtet. Das Kolben-

Fig. 59. Einfachwirkender Viertakt-Motor. Neueres Modell der Gasmotorenfabrik Deutz.

bolzenlager im Innern des Tauchkolbens ist mit einem widerstandsfähigen, schwerschmelzigen Weißmetall ausgekleidet. Zum Ausgleich der hin- und hergehenden Massen sind direkt an der Kurbel Gegengewichte angebracht. Das Schwungrad wird bei Einzylindermotoren außerhalb der Lager auf die Kurbelachse gesetzt, die durch ein drittes äußeres Lager gestützt wird. Bei Zwillingsmotoren ist das Rad auf der doppeltgekröpften Welle mitten zwischen beiden Zylindern angeordnet.

Die Ventile sind in Gehäusen übereinander leicht zugänglich eingebaut und werden zwangläufig durch grade Nocken gesteuert. Das Gehäuse des Einströmventils kann abgehoben werden. Dabei wird der Explosionsraum freigelegt. Das Ausströmventil ist mit einem auswechselbaren Sitz und einer gekühlten Spindelführung versehen. Das Einströmventil trägt auf seiner Spindel einen Luftschieber und ein Gasventil. Da die letzteren Organe sich immer gleichzeitig und gleichweit bewegen, werden für den Gas- und Luftzutritt stets proportionale Querschnitte freigelegt, einerlei ob der jeweiligen Füllung entsprechend mit großen oder kleinen Ventilhüben gearbeitet wird.

Von der Aussetzer- und Gemischregulierung, die bei dem älteren Modell zur Verwendung kamen, hat man bei der Type G9 vollkommen abgesehen und für sie eine Regelung durch Volumenveränderung der in der Zusammensetzung gleichbleibenden Ladung angenommen. Der von der Steuerwelle aus durch Zahnräder angetriebene Federregulator verändert, wie die Fig. 60 u. 61 zeigen, durch Verlegung des Steuerhebelstützpunktes vermittels einer verstellbaren Rolle den Hub des Einströmventils derart, daß bei zu schnellem Gange des Motors, also bei zu geringer Belastung, kleinere, bei zu langsamem Laufe infolge stärkerer Belastung größere Ladungen in den Zylinder treten.

Da bei geschlossenem Einströmventil zwischen der Rolle und dem Steuerhebel ein geringer Zwischenraum vorhanden ist, kann der Regulator sich frei bewegen. Nur während der Einströmperiode, also während des vierten Teiles des Arbeitsspieles, wird der Regulatorhebel belastet und der Regulator festgehalten.

Da die Verlegung des Drehpunktes an dem ausbalanzierten Steuerhebel leicht vor sich geht, hat der Regulator nur eine sehr geringe Kraft zu äußern. Die Regelung soll so präzise erfolgen, daß bei plötzlicher Be- und Entlastung der Maschine um 25 pCt. die Schwankung der Umdrehungszahl $1^1/_2$ pCt. nicht überschreitet und der Motor nach wenigen Sekunden auf die normale Tourenzahl kommt.

Für den Antrieb von Arbeitsmaschinen mit wechselnder Tourenzahl werden die Motoren mit einer Tourenverstellvorrichtung ausgerüstet, welche Geschwindigkeitsveränderungen bis zu 60 pCt. zuläßt. Für Variationen bis $\pm\ 7^1/_2$ pCt. genügt eine Federwage, mit welcher die Tourenzahl während des Ganges von Hand einreguliert werden kann.

Die Zündung erfolgt bei dieser Type nur mehr auf elektrischem Wege; den Strom liefern gewöhnlich Magnetinduktoren, seltener Akkumulatoren.

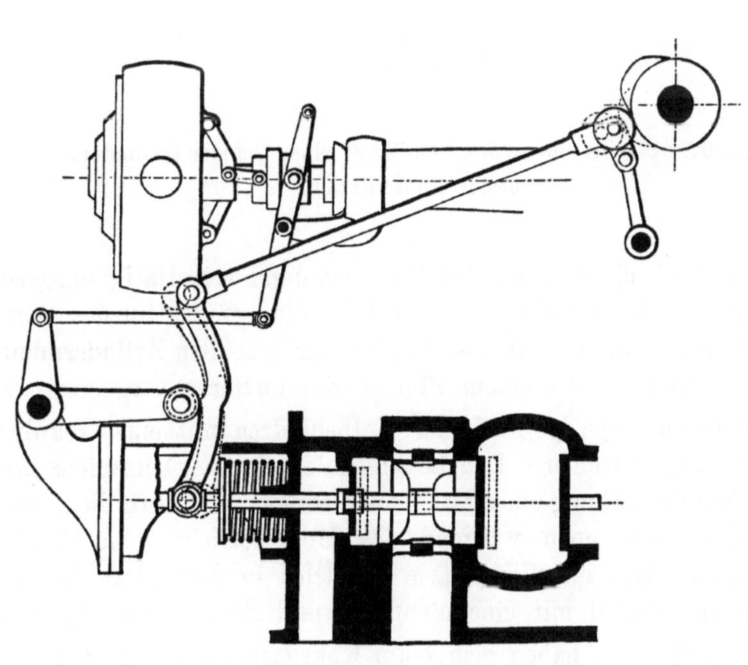

Fig. 60.
Einstellung für die größte Füllung bei Vollbelastung.

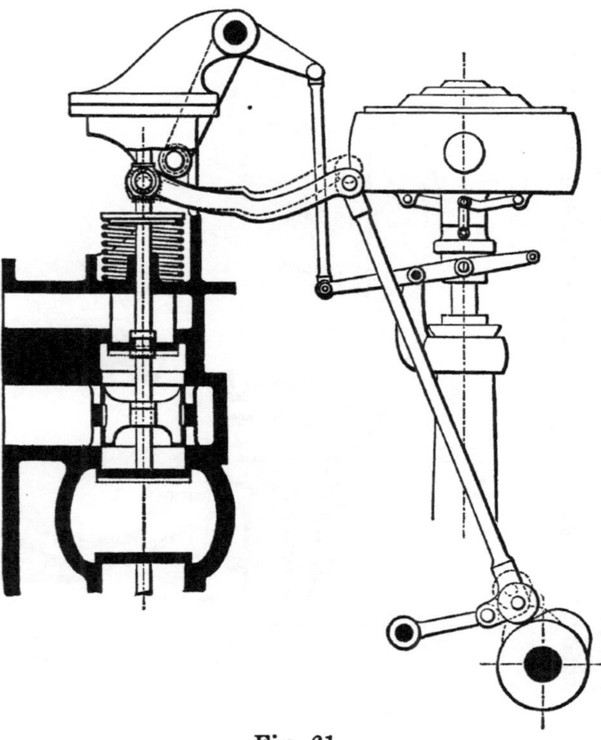

Fig. 61.
Einstellung für die kleinste Füllung beim Leerlauf.

Der Zylinder, Zylinderkopf, Ventildeckel und, wenn erforderlich, das Ausströmventil sind, wie die Fig. 62 zeigt, mit eigenen Kühlvorrichtungen versehen, was den Vorteil bietet, daß man bei jedem Teile unabhängig von dem andern die Temperatur einstellen kann. Gegen das Ausbleiben des Kühlwassers trifft die Gasmotorenfabrik Deutz zwei verschiedene Sicherheitsmaßregeln.

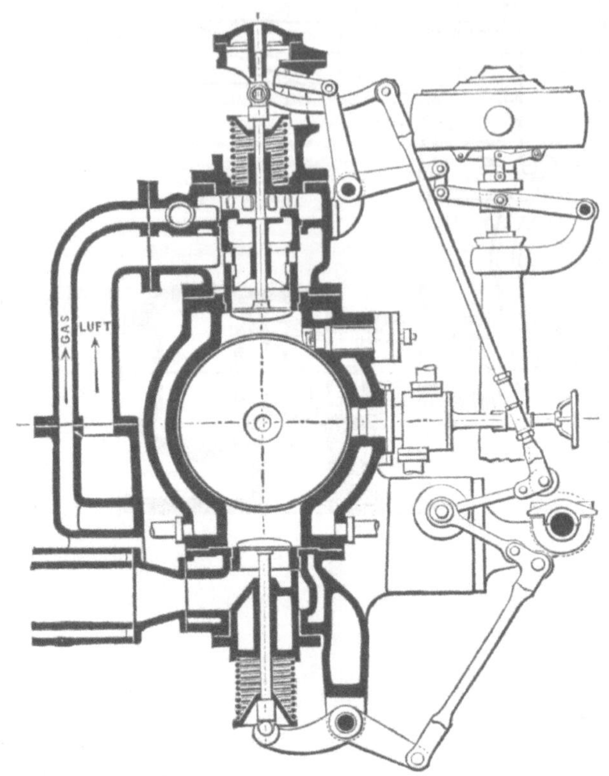

Fig. 62. **Schnitt durch den Ventilkopf eines Deutzer Gasmotors neuester Konstruktion.**

Durch die eine wird die Zündung bei Wassermangel selbsttätig ausgeschaltet, die andere sorgt bei eintretendem Frost, sobald die Temperatur des Maschinenraums unter 0^0 sinkt, dafür, daß das Kühlwasser aus dem Zylindermantel abgelassen wird. Dadurch soll einem Platzen des letzteren vorgebeugt werden.

Bei der neueren Type ist auch der Kolbenbolzen mit einer regulierbaren Abstreichschmierung versehen. Den Lagerschalen des Kurbelzapfens wird das Öl durch die Schleuderwirkung eines rotierenden Ringes zugeführt, die Schmierung der Ventilspindeln kann auch während des Motorbetriebs ohne Gefahr vorgenommen werden. Um ein Verspritzen des Öles in dem Maschinenraum zu verhindern, ist die Kurbel mit einem Ölfang- und Schutzblech abgedeckt.

Die Deutzer Motoren haben sich beim Koksgasbetrieb auf Zeche Minister Stein, den Schleswig-Holsteinschen Kokswerken und einigen kleineren Anlagen recht gut bewährt. Betriebsstörungen traten auf den Schleswig-Holsteinschen

Kokswerken nach der Überwindung anfänglicher Schwierigkeiten, die auf ungenügend gereinigtes Gas zurückzuführen waren, nicht mehr auf.

Der Viertaktmotor der Gebr. Körting. Die Firma Gebrüder Körting in Körtingsdorf bei Hannover führt für mittlere Leistungen die auf Tafel 1 in Schnitten und Ansichten veranschaulichten Motoren aus. Die Type hat in dem Aufbau große Ähnlichkeit mit dem Deutzer Motor.

Der Zylinder ist einerseits in eine Stopfbüchse des Maschinenrahmens eingeschoben und andererseits mit dem Ventilkopf durch Flanschenkupplung verbunden. Er besitzt eine walzenförmige Gestalt, die beim Fehlen seitlicher Angüsse ein Verziehen in hoher Temperatur verhindert. Die Wassermäntel für Zylinder und Ventilkopf sind unten zu einem Ablagerungsboden für etwaige Unreinigkeiten des Kühlwassers erweitert. Dadurch wird stets ein genügender Wasserraum offen gehalten. Der aus dem Wasser niedergeschlagene Schlamm kann durch die im Boden der Mäntel eingelassenen Reinigungsluken entfernt werden.

Um die Vorteile, welche eine hohe Kompression in der Vergrößerung der Leistungsfähigkeit des Motors bietet, voll auszunützen, hat man auf die Verbesserung der Kühlung besonderen Wert gelegt und an der hinteren Abdeckung des Ventilkopfes einen wassergekühlten Vorsprung angebracht. Diese Vergrößerung der Kühlfläche soll die bei starker Verdichtung drohenden Vorzündungen hintanhalten und einen höheren Verdichtungsgrad zulassen.

Die Ventile zeigen die einfache Telleranordnung, sie werden durch Federn belastet und von der Steuerwelle aus durch Nocken und Hebel betätigt (s. Taf. 1). Das Einlaßventil ist oben, das Ausströmventil unten angeordnet; das letztere hat man höher als die Unterkante des Zylinders gelegt, damit Ölrückstände aus dem Zylinder nicht in den Tellersitz kommen und einen vollkommenen Schluß verhindern. Die Spindel des Auslaßventils wird gekühlt. Nach Abnahme des großen Deckels am hinteren Ende des Ventilkopfes ist der Verbrennungsraum und der Zylinder zugänglich, ohne daß ein Ausbau des Kolbens erforderlich wäre.

Der Strom für die elektrische Zündung wird bei kleineren Motoren durch einen, bei größeren durch zwei Magnetinduktoren geliefert, welche ähnlich betätigt werden wie beim Deutzer System. Der Unterbrecher ist in den Deckel des Ventilkopfes eingebaut (Fig. 3 der Taf. 1). Der Zeitpunkt der Zündung kann während des Ganges der Maschine geändert werden. Durch die Verlängerung der Zündperioden ist die Möglichkeit gegeben, den Gasverbrauch von Motoren, die längere Zeit nicht voll belastet sind, herabzusetzen.

Hinsichtlich des Verfahrens der Gasmischung und Geschwindigkeitsregulierung weicht der Körting-Motor wesentlich von dem Deutzer ab.

Die Bildung des Gemisches erfolgt in einem besonderen Mischventil, das vor dem Einlaßventil, zwischen diesem und der Gasleitung, eingebaut ist. Die Größe der Luft- und Gaseintrittskanäle des Mischventils wird je nach dem Heizwert des zur Verwendung kommenden Gases bemessen. Ihre Form ist so gewählt, daß die Durchgangsquerschnitte bei jeder Öffnungsweite in gleichem Verhältnis stehen.

Der Regulator wirkt, wie die Fig. 2 u. 3 der Tafel 1 erkennen lassen, auf eine Drosselklappe, die entsprechend der wechselnden Kraftbeanspruchung den Gaszutritt verändert.

Kleinere Körtingmotoren werden, wie schon eingangs erwähnt, auf den Kokereien der Gebrüder Röchling zu Altenwald (2 zu 10 PS) seit 10 Jahren, Poremba der Oberschlesischen Kokswerke in Gleiwitz (2 zu 60 PS) seit 8 Jahren, sowie auf den Zechen Lothringen (50 PS), Dannenbaum (60 PS)

Fig. 63.
Elektrische Zentrale der Julienhütte, betrieben durch Koksofengasmotoren von Gebrüder Körting.
Maschinenraum von der Mitte gesehen.

und Pluto (60 PS) seit mehreren Jahren ohne Schwierigkeiten mit Koksofengas betrieben. Mit Maschinen dieses Systems ist die größte bis jetzt in Betrieb befindliche Kokereigaskraftanlage (Fig. 63) auf der Julienhütte in Oberschlesien ausgerüstet. Die Anlage, deren Grundriß Fig. 64 wiedergibt, umfaßt vorläufig 4 große Motoren von je 300 PS für den Antrieb von Drehstromgeneratoren und einen kleineren, welcher eine 50 PS-Gleichstromdynamo zur Erzeugung des Erregerstromes betätigt. Dem letzteren Zwecke und der Energie-

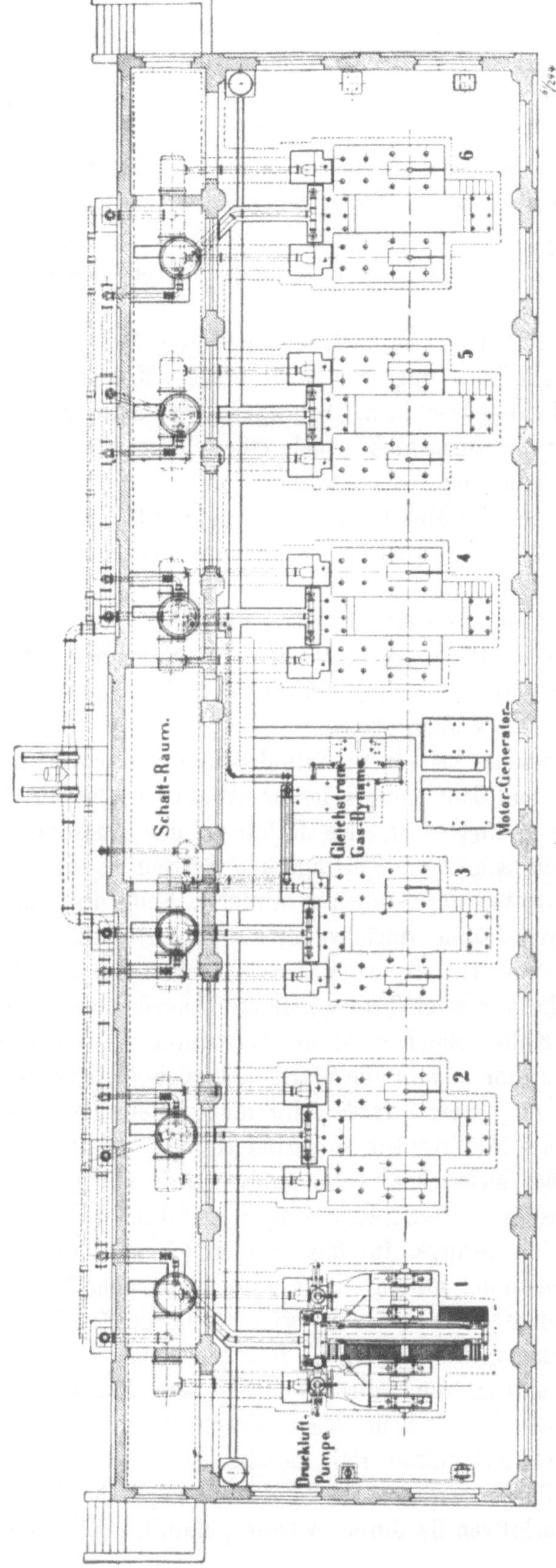

Fig. 64. Grundriß der Zentrale auf Julienhütte.

versorgung einer Beleuchtungsanlage dienen außerdem noch zwei Drehstrom-Gleichstromumformer von je 33 KW Gleichstromleistung. Das Anlassen der Motoren erfolgt durch Preßluft, welche von einem seitlich aufgestellten Kompressor geliefert wird.

Die 4 größeren Motoren, zu denen sich in nächster Zeit noch 2 weitere gleicher Bemessung gesellen werden, setzen sich aus je 2 im Viertakt arbeitenden Zylindern mit gleichgerichteten Kurbeln zusammen. Die Steuerungen der Zylinder sind so gegeneinander verstellt, daß während jeder Umdrehung eine Explosion erfolgt.

Da die von der Zentrale mit Strom versorgten Motoren Arbeitsmaschinen mit stark wechselnder Belastung, wie Gichtaufzüge, Kohlenmühlen, Werkzeug-, Koksausdrück- und Gießmaschinen, betätigen, war man genötigt, außer der Regulierung der Gaskraftmaschinen noch eine elektrische anzuordnen, welche weiter unten beschrieben ist.

Jeder Seitenflügel des Maschinenraumes (Fig. 64) nimmt 3 Motoren auf. In der Mitte stehen die Erregermaschinen, in einem Anbau ist die Schaltanlage untergebracht.

Der Viertaktmotor der Berlin-Anhaltischen Maschinenbau-A.-G. Die von der Berlin-Anhaltischen Maschinenbau-A.-G. für den Theresienschacht in Mährisch-Ostrau gelieferten 3 Zwillingsviertaktmotoren sind in den Figuren 65 a—c wiedergegeben.

Die Motoren, welche bei einem Zylinderdurchmesser von 670 mm, einem Hub von 750 mm und 150 Touren in der Minute je 300 PS leisten, ähneln in dem Einbau des Zylinders in den Rahmen, der Anordnung des Kolbens und des Kühlmantels sehr dem Körtingschen System.

Gas und Luft treten durch die am hinteren Ende des Ventilkopfes angeordneten einstellbaren Hähne zunächst in ein Mischventil. Es wird, wie die tellerförmigen Ein- und Auslaßventile, durch Nocken von der Steuerwelle aus betätigt und besteht aus zwei Teilen, einem Doppelsitzventil für den Luftzutritt und einem Kolbenschieber für die Gaszufuhr. Die Steuerung ist derartig, daß der Regulator sowohl die Stärke als auch die Zusammensetzung der Ladung beeinflußt. Zu diesem Zwecke wird nicht allein die Hubdauer, sondern auch die Hubhöhe des Mischventils so geändert, daß bei der Vollbelastung die kleinste Füllung eines gasreichen, bei dem Leerlaufe die größte Ladung eines gasarmen Gemisches in den Explosionsraum geführt wird. Dem entspricht im ersteren Falle eine geringe, im letzteren eine hohe Verdichtung, wodurch die Sicherheit der Zündung gewährleistet wird. Aus dem Mischventil gelangt das explosible Gemenge unter das stets gleich weit geöffnete Einlaßventil, das abweichend von den vorbeschriebenen Konstruktionen von unten in den Explosionsraum hineinragt und direkt neben dem Auslaßventil liegt. Die Zündung erfolgt auf elektrischem Wege durch Unterbrechungsfunken. Den Strom liefert ein Magnetinduktor Pat. Bosch.

Außer dem Zylinder werden auch der Zylinderkopf, die Deckel und Spindel des Einlaß- und Auslaßventils durch Wasser gekühlt. Vier Lager tragen die

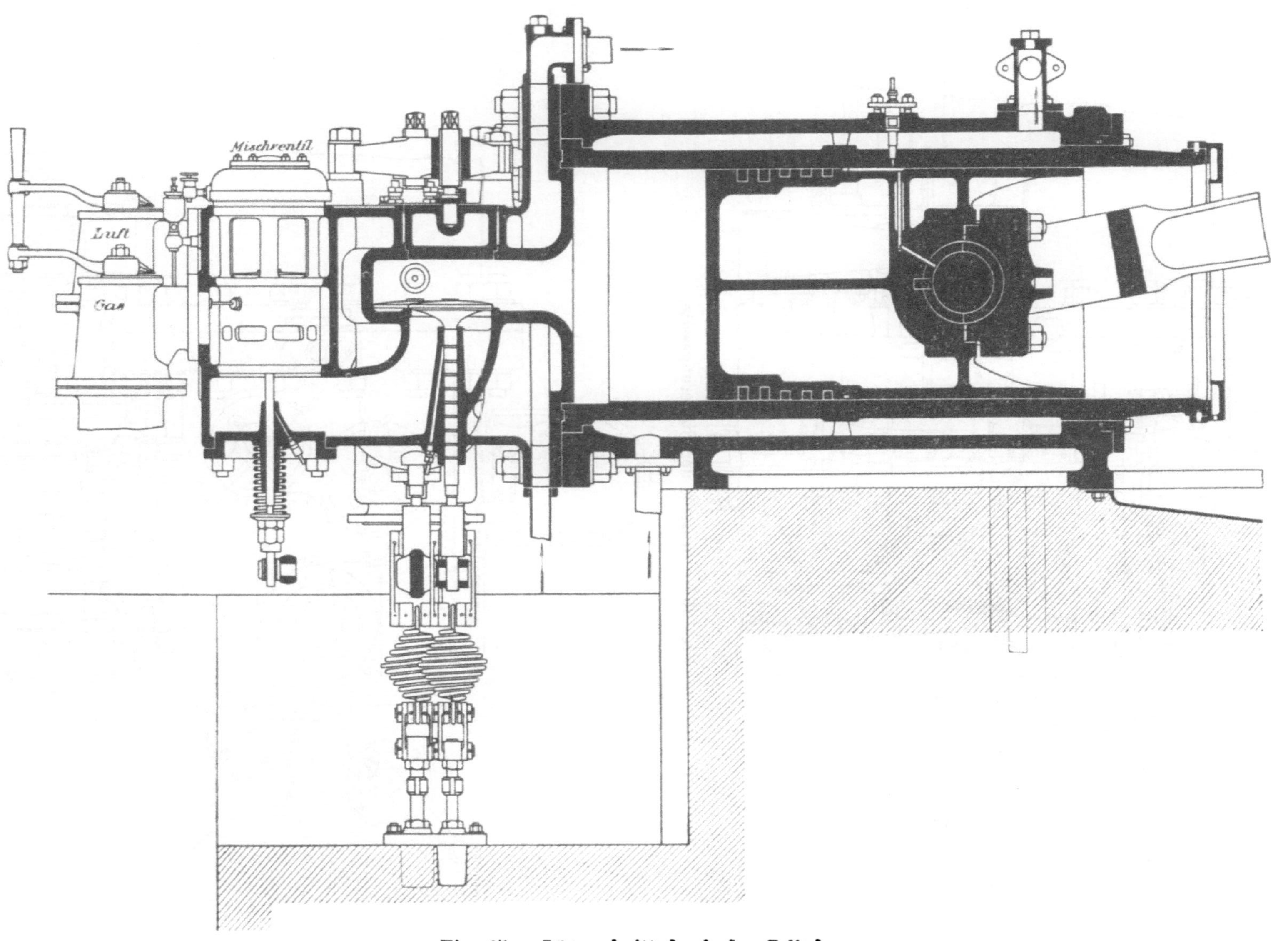

Fig. 65a. Längsschnitt durch den Zylinder.

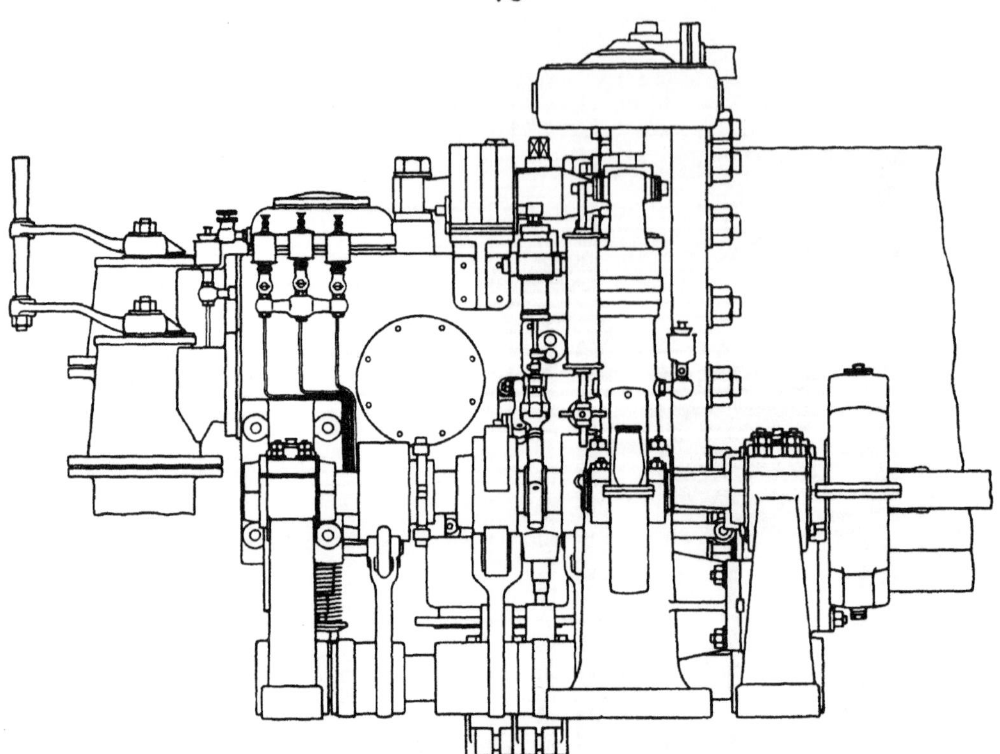

Fig. 65 b. Ansicht der Steuerungsseite.

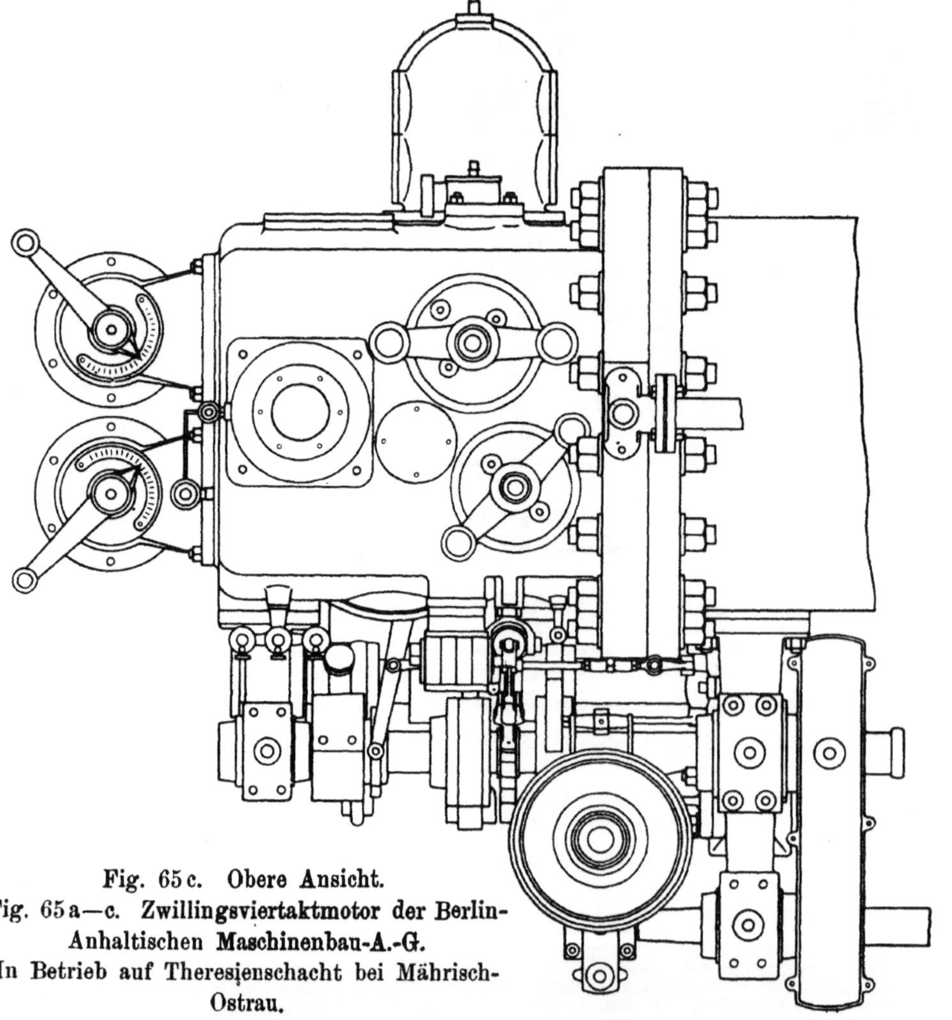

Fig. 65 c. Obere Ansicht.
Fig. 65 a—c. Zwillingsviertaktmotor der Berlin-Anhaltischen Maschinenbau-A.-G.
In Betrieb auf Theresienschacht bei Mährisch-Ostrau.

doppeltgekröpfte Hauptwelle. Je zwei von ihnen sind vor jedem Zylinder angeordnet. Zwischen den beiden inneren sitzt das Magnetrad des Drehstromgenerators, das bei einem Gewichte von über 11 t und einer Umfangsgeschwindigkeit von 30 sek. m. ein recht wirksames Schwunggewicht aufweist.

Drei während des Betriebes an verschiedenen Zylindern der Motoren entnommene Diagramme verdeutlichen ihre Arbeitsweise (Fig. 66a—c).

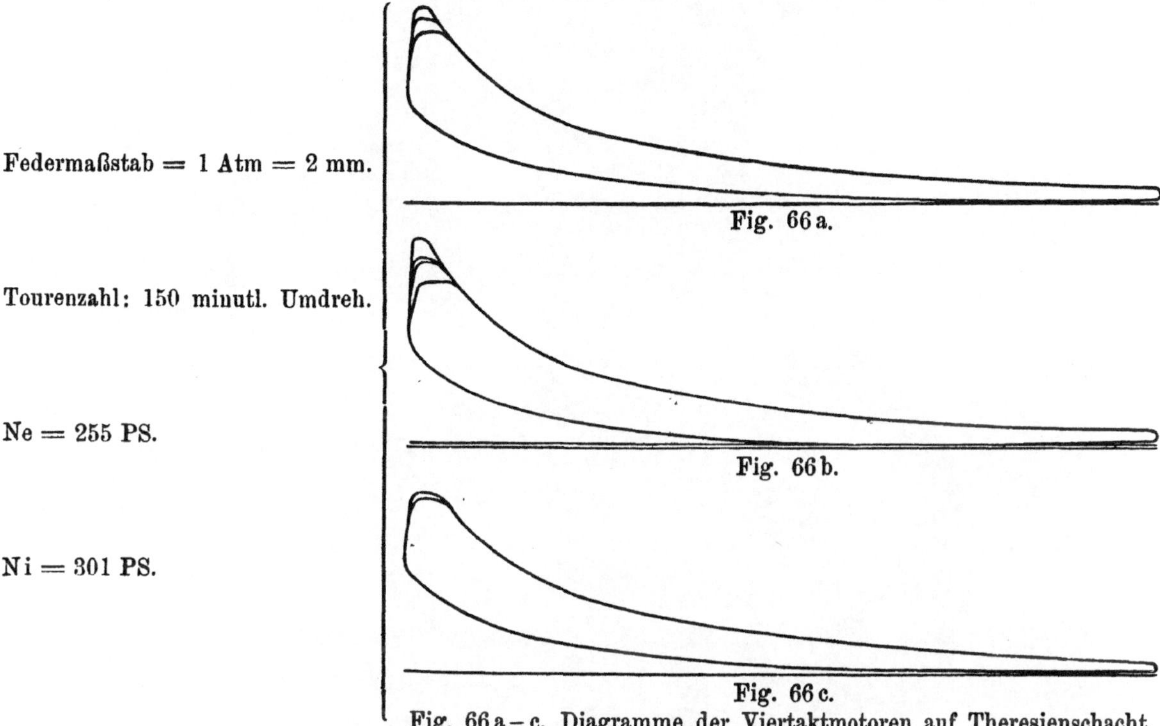

Fig. 66a–c. Diagramme der Viertaktmotoren auf Theresienschacht.

Vor den Zylindern liegen unterhalb des Fußbodens die Luft- und Gastöpfe, von denen die ersteren mit der äußeren Luft, die letzteren mit der Gasleitung des Kraftgasbehälters in Verbindung stehen. Das Gas wird durch Druckregler auf einem stets gleichen Druck (10 mm Wassersäule) gehalten.

Der Viertaktmotor System Delamare-Deboutteville. Der von der Firma Breitfeld, Daněk u. Cie. in Prag-Carolinenthal für die Kokerei des Karolinenschachtes bei Märisch-Ostrau gelieferte 200pferdige Motor, System Delamare-Deboutteville, rechtfertigt durch die Einfachheit seiner Konstruktion den Namen Simplexmotor, den man diesem System gegeben hat. Diese Bauart spielte bei den ersten Versuchen mit der Gichtgasverwertung auf den Cockerillschen Werken in Seraing eine große Rolle.

Der Zwillingsmotor auf Karolinenschacht wird durch die Fig. 67—70 veranschaulicht.

Aus den Abbildungen ist zu ersehen, daß der Zylinder in üblicher Weise in den Maschinenrahmen eingesetzt ist. Die doppeltgekröpfte Kurbelwelle ist viermal gelagert, trägt in der Mitte ein 14 t schweres Schwungrad und außerdem das Magnetrad des Drehstromgenerators, dessen Erregermaschine mit der

Fig. 67. 200 PS-Motor, System Delamare-Deboutteville, auf dem Karolinenschacht bei Mährisch-Ostrau.

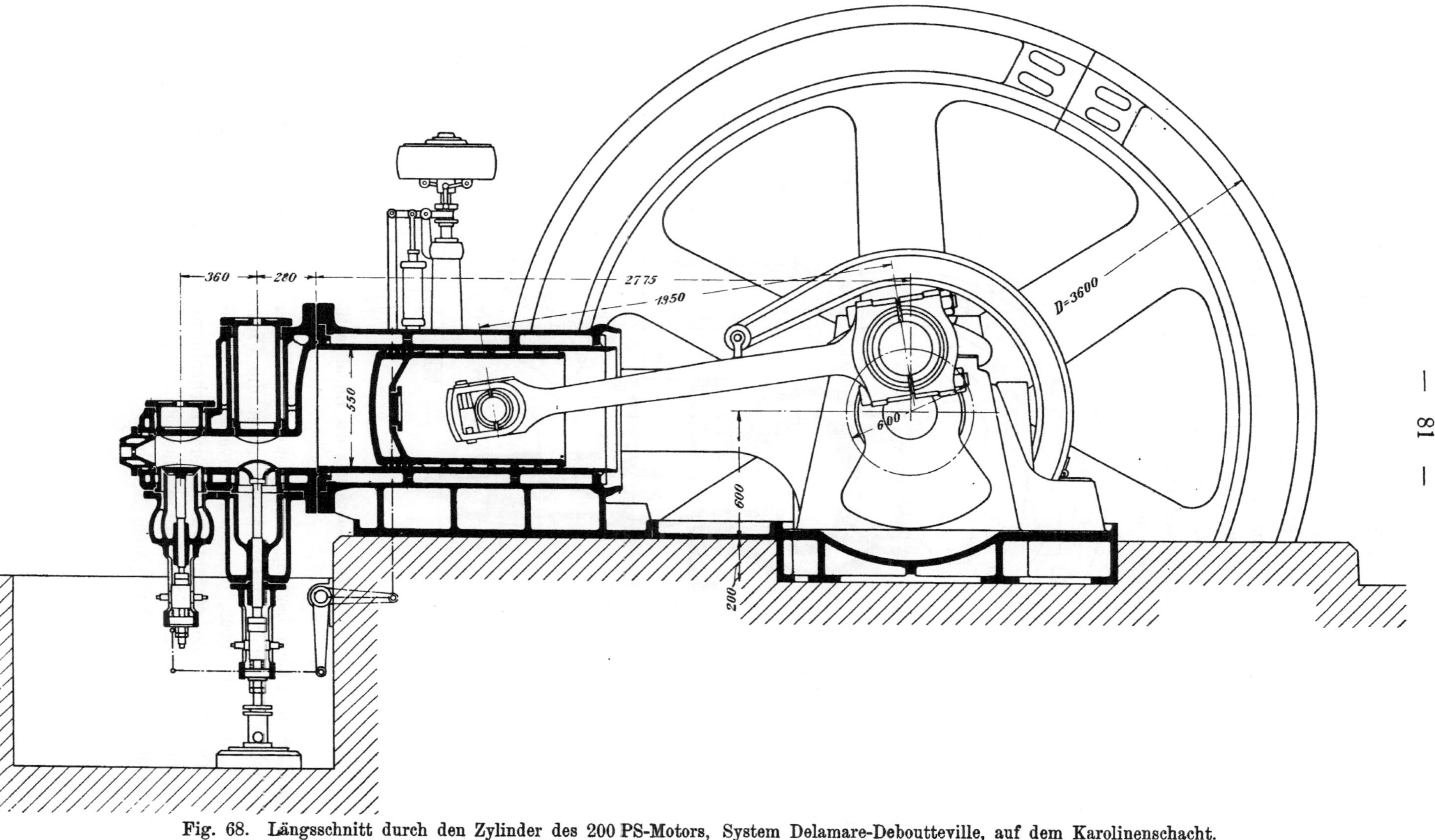

Fig. 68. Längsschnitt durch den Zylinder des 200 PS-Motors, System Delamare-Deboutteville, auf dem Karolinenschacht.

nach einer Seite hin verlängerten Welle direkt gekuppelt ist. Bei einem Zylinderdurchmesser von 550 mm, einem Hub von 600 mm und 167 minutlichen Umdrehungen, die einer Kolbengeschwindigkeit von 3,34 sek. m. entsprechen, leistet der Motor 200 PS.

Eigenartig ist bei diesem System die Anordnung und Steuerung der Ventile, welche eine stark konkave Tellerform zeigen und wie ihre Sitze aus einer gegen schweflige Säure besonders widerstandsfähigen Bronze hergestellt sind. Beide Ventile ragen von unten in den Ventilkopf, können aber, wie die Figuren 69 und 70 zeigen, nach Entfernung durch Schrauben festgehaltener

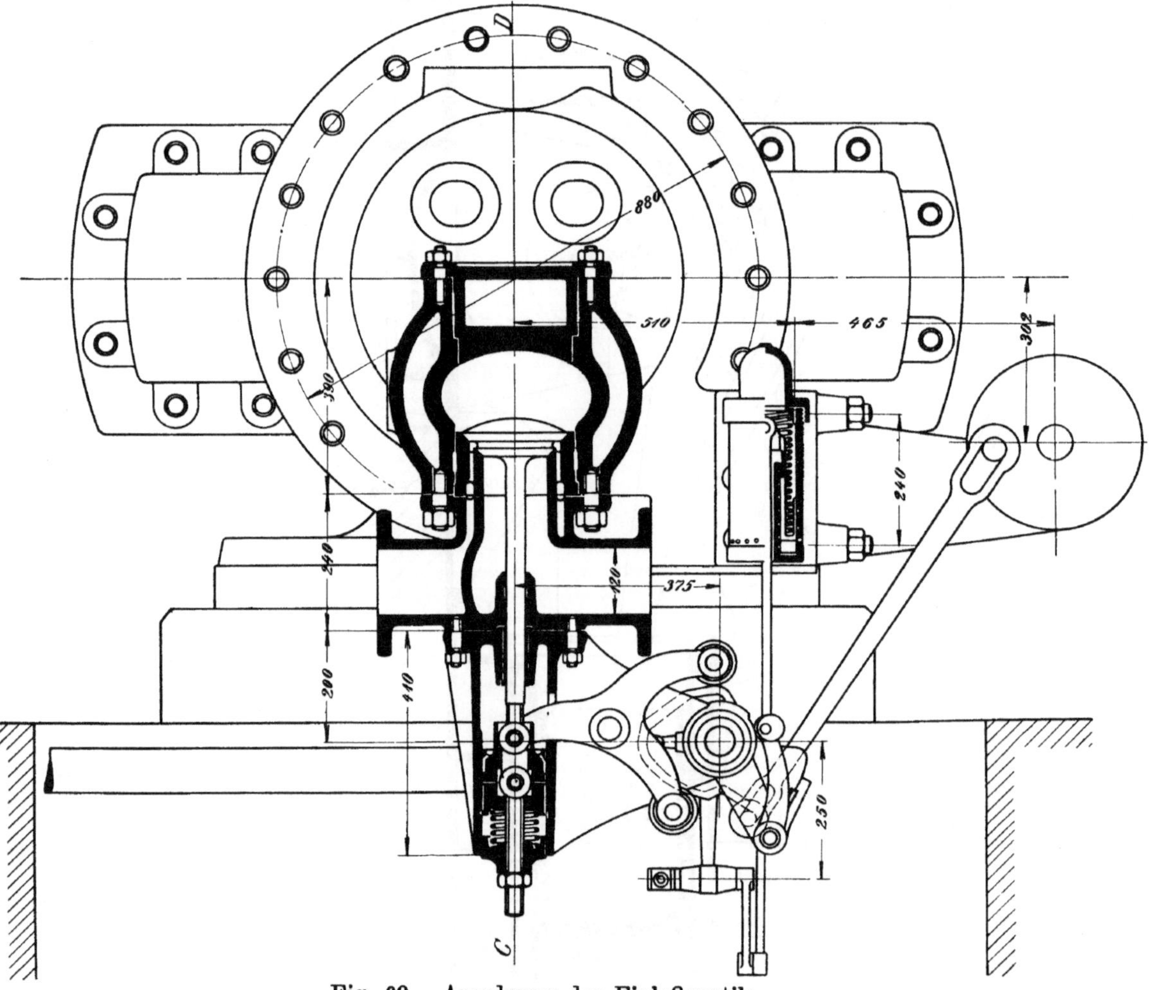

Fig. 69. Anordnung des Einlaßventils.

Einsätze nach oben herausgenommen werden. Bei ihren neueren Ausführungen doppelt wirkender Viertaktmotoren ordnet die Firma Breitfeld, Daněk u. Cie. das Einlaßventil oben, das Ausströmventil unten an.

Die Ventile des Motors auf Karolinenschacht werden von der seitlich verlagerten rotierenden Steuerwelle aus durch Scheiben, welche auf einer schwingenden Hilfsachse sitzen, betätigt.

Die Steuerscheibe des Einlaßventils (Fig. 69) ist drehbar auf die Hilfswelle aufgesetzt und wird durch eine Klinke bewegt. Mit der letzteren ist ein Hubmesser verbunden, welchen der Zentrifugalregulator der Belastung entsprechend in Perioden von wechselnder Länge ausschnappen läßt. Diese

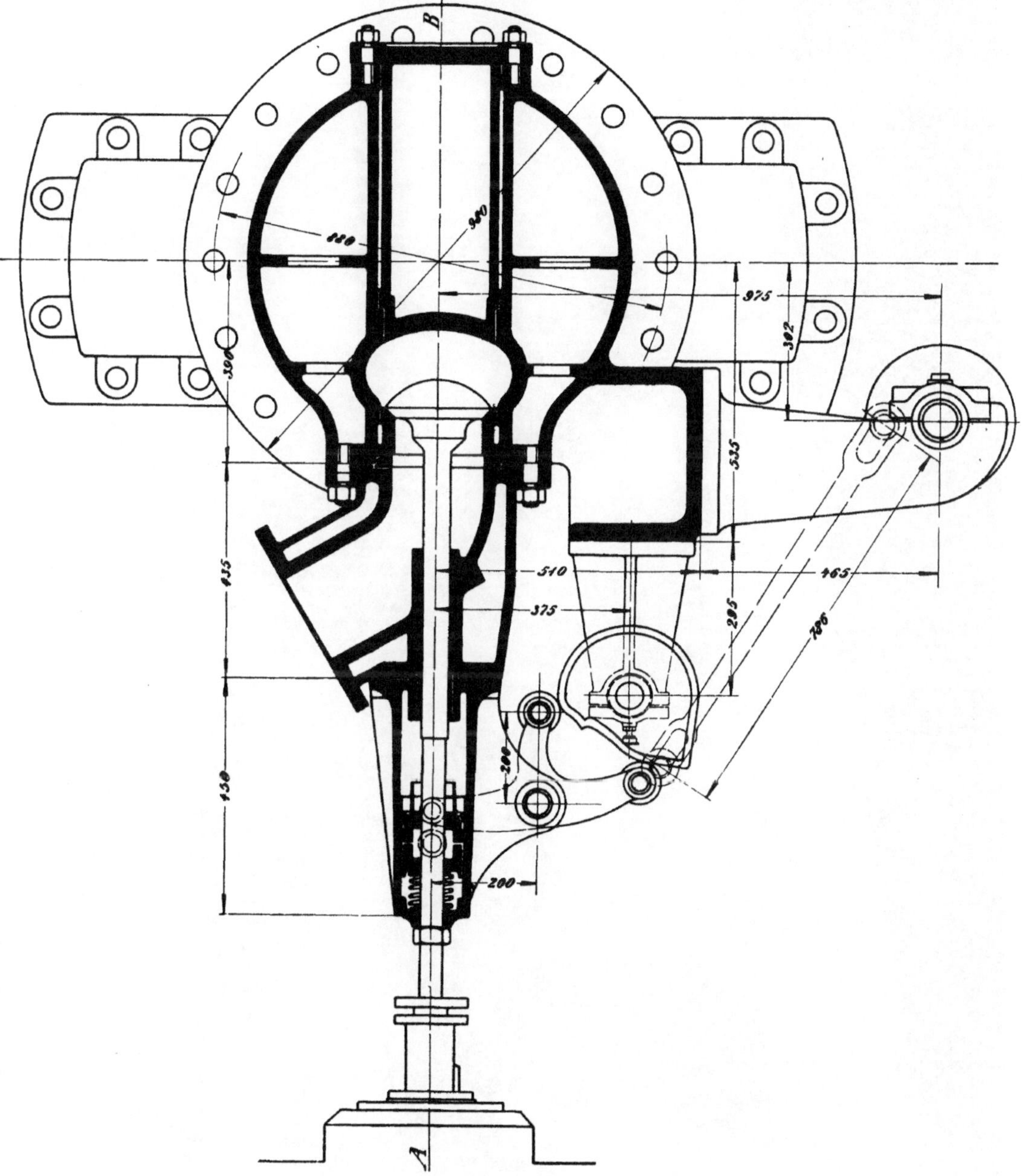

Fig. 70. Anordnung des Auslaßventils.

Wirkung wird in folgender Weise erzielt: Der Regulator verstellt eine kleine Nockenscheibe; auf ihr schleift ein am oberen Ende mit einer Laufrolle versehener Hebel, der auf dem Zapfen des Hubmessers seitlich aufgekeilt ist. Trifft der Nocken die Rolle des Hebels, so drängt er diesen zurück und bringt

Fig. 71.
300 PS-Gasmotor, System Delamare-Deboutteville, in Tandemanordnung. Geliefert von Breitfeld, Daněk u. Cie. für das Eisenwerk Königshof.

Fig. 72. Vierzylindriger Viertaktmotor, geliefert von der Gasmotorenfabrik Deutz für den Hörder Verein.

den Hubmesser zum Ausklinken. Dabei wird die bewegliche Steuerscheibe durch eine Feder zurückgerissen und das Ventil geschlossen. Sein Hub läßt sich mit Hilfe eines über dem Ventilantrieb sitzenden Luftkataraktes regeln.

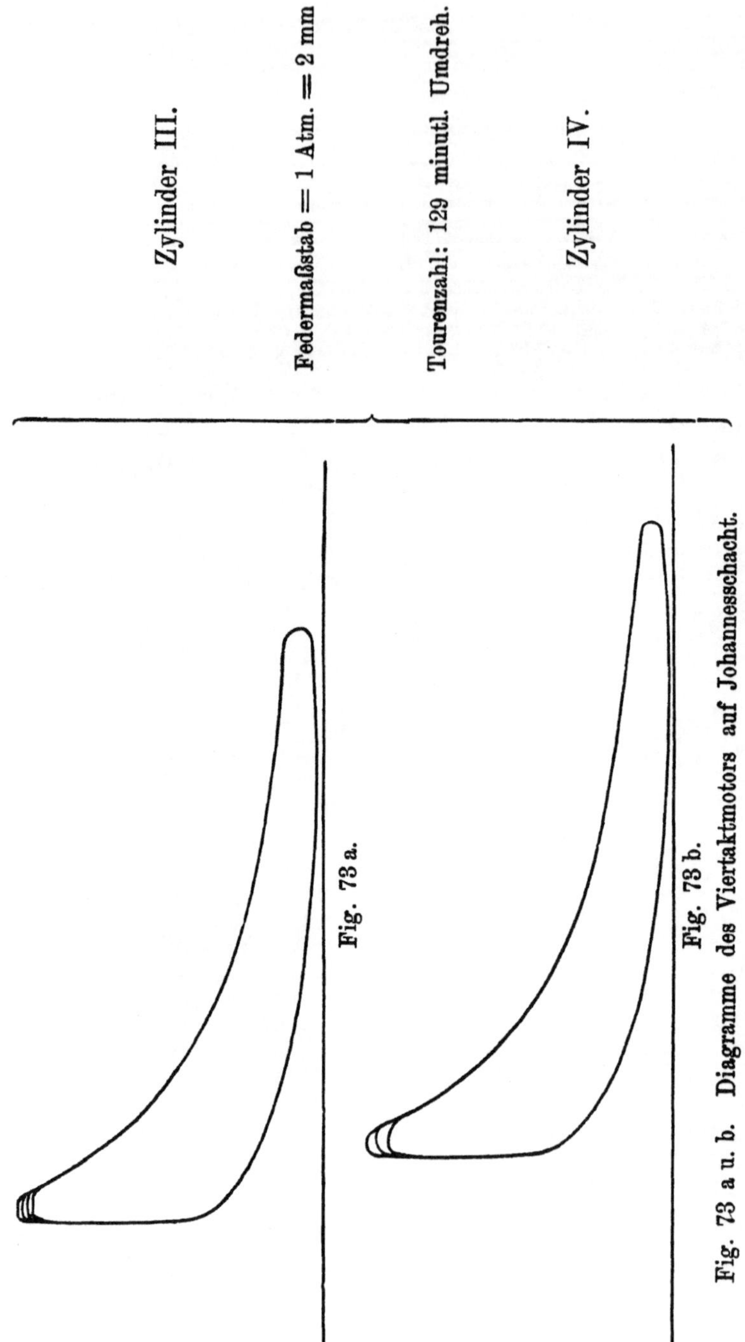

Fig. 73 a u. b. Diagramme des Viertaktmotors auf Johannesschacht.

Die Regulierung der Maschine erfolgt mithin durch Änderung der Menge eines im Mischungsverhältnisse gleich bleibenden Explosionsgemenges.

Die Steuerscheibe des wassergekühlten Auslaßventils (Fig. 70) ist auf der schwingenden Hilfswelle festgekeilt. Sie überträgt die Bewegung der letzteren durch einen dreiarmigen Hebel, dessen der Scheibe zugewandte gabelförmige Anschläge mit Rollen versehen sind, zwangläufig auf das leicht abgefederte Ventil. Ein Hängenbleiben oder Nacheilen der Ventile erscheint bei dieser Einrichtung ausgeschlossen. Die Zündung erfolgt auf elektrischem Wege.

Das Gas wird dem Motor aus einem Sammelbehälter von 100 cbm Inhalt zugeführt und durch Druckregler auf konstanter Spannung erhalten. Ein Kanal führt die zur Verbrennung notwendige Luft direkt aus dem Freien zu.

Mehrzylindrige Viertaktmotoren. Um nicht zu große Abmessungen der einzelnen Zylinder zu erhalten, werden die Viertaktmotoren nur bis zu Stärken von höchstens 200 PS als Einzylindermaschinen (Stummsche Kokerei Neunkirchen) ausgeführt. Motoren von größeren Leistungen baut man bis zu etwa 300 PS als Zwillinge (Schleswig-Holsteinsche Kokswerke, Julienhütte, Theresienschacht, Karolinenschacht) oder gibt ihnen Tandemanordnung (Fig. 71), welche den Vorteil bietet, daß die beiden Zylinder nur ein Kurbelgetriebe, ein Schwungrad und die Hälfte der Lager wie bei den Zwillingen erfordern. Noch größere Maschinen (bis zu 1200 PS) wurden bisher mit 4 Zylindern ausgerüstet, die man entweder zu Zwillingstandemmaschinen oder zu Doppelzwillingen mit vierfach gekröpfter Welle (Fig. 72) zusammenstellte.

Bei der letzteren Anordnung sind je zwei gegenüberliegende Zylinder in einen gemeinsamen Rahmen eingebaut, während je zwei nebeneinanderliegende Zylinder durch einen Hartungschen Federregulator gesteuert werden. Das Schwungrad — in Figur 72 das Magnetrad eines Drehstromgenerators — ist zwischen den beiden Rahmen auf die Welle aufgesetzt.

Auf dem Johannesschacht der Gräflich Larisch-Mönnichschen Bergverwaltung zu Karwin wird ein Motor der vorbeschriebenen Anordnung von 720 PS Leistung mit Kokereigas betrieben, welcher nach den Angaben des Zivilingenieurs Reichenbach durch die Berlin-Marienfelder Motorfahrzeugfabrik konstruiert wurde. Gegenwärtig baut man sie wegen verschiedener Konstruktionsfehler, die zum Bruch der Zylinderdeckel führten, um.

Während des Betriebes an zwei nebeneinanderliegenden Zylindern des Motors entnommene Diagramme sind in den Figuren 73a u. b wiedergegeben.

Doppeltwirkende Viertaktmotoren.

Der Doppel-Viertaktmotor der Gasmotorenfabrik Deutz. Die Vorteile, welche die aus mehreren einfachwirkenden Viertaktzylindern zusammengesetzten Motoren in der Bauart und der Gleichmäßigkeit des Ganges aufweisen, werden durch die Nachteile eines hohen Raumbedarfes, gewaltigen Maschinengewichtes und großen Ölverbrauches, also hoher Anlage- und Betriebskosten, stark beeinträchtigt. Deshalb haben die Firmen, welche das Viertaktsystem auch für Großmotoren beibehalten, in Deutschland die Gasmotorenfabrik Deutz und die Nürnberg-Augsburger Maschinenbau-A.-G., den Bau von

Fig. 74 a. Schnitt durch den Zylinder.

Doppelviertaktmotoren aufgenommen. Bei dieser Type sind je zwei einfache Viertaktzylinder so vereinigt, daß der gemeinsame Kolben bei jedem 2. Hub abwechselnd der Wirkung einer im hinteren oder im vorderen Zylinderraum erfolgenden Explosion ausgesetzt wird. Die Verdopplung der Kraftimpulse befähigt den Zylinder, bei annähernd gleichen Abmessungen die zweifache Kraft abzugeben wie der einseitig arbeitende und nur bei jedem 4. Hub Kraft abgebende Viertaktzylinder der älteren Motoren.

Fig. 74a gibt einen Längsschnitt durch den Zylinder, Fig. 74b eine Ansicht der Deutzer Ausführung, von der Steuerseite aus gesehen.

Fig. 74 b. Ansicht von der Steuerungsseite.

Fig. 74 a u. b. Doppeltwirkender Viertaktmotor der Gasmotorenfabrik Deutz.

Die Ventilanordnung ist dieselbe wie bei der auf Seite 68 beschriebenen einfachwirkenden Type; doch werden die federbelasteten Ventile wie bei allen neueren Ausführungen von Großmotoren nicht mehr durch einen besonderen Ventilkopf, sondern durch den Zylinder selbst aufgenommen. Der Gas- und Lufteintritt ist zwischen die beiden Ausströmungsventile verlegt. Da der Kolben durch eine vordere und hintere Gradführung sich mit leichtem Spiel im Zylinder bewegt, ist die Reibung weit geringer wie bei den älteren Viertaktkolben. Der Kolbenkörper ist zur Aufnahme einer Zirkulationskühlung ringförmig gekammert. Das Kühlwasser wird durch die hohle Kolbenstange zu- und abgeleitet.

Bei der doppeltwirkenden Bauart sind die Stopfbüchsen, welche bisher im Gasmotorenbau nur selten (bei Tandemmaschinen) Verwendung fanden, nicht zu umgehen. Da nicht nur die Kolbenstange, sondern auch die Zylinderdeckel gekühlt werden, soll die Temperatur der Stopfbüchsen im Betriebe 40° C nicht überschreiten. Die Abdichtung der Kolbenstangendurchführungen erfolgt durch Metallpackungen, die des Kolbens durch selbstspannende Ringe aus weichem Gußeisen.

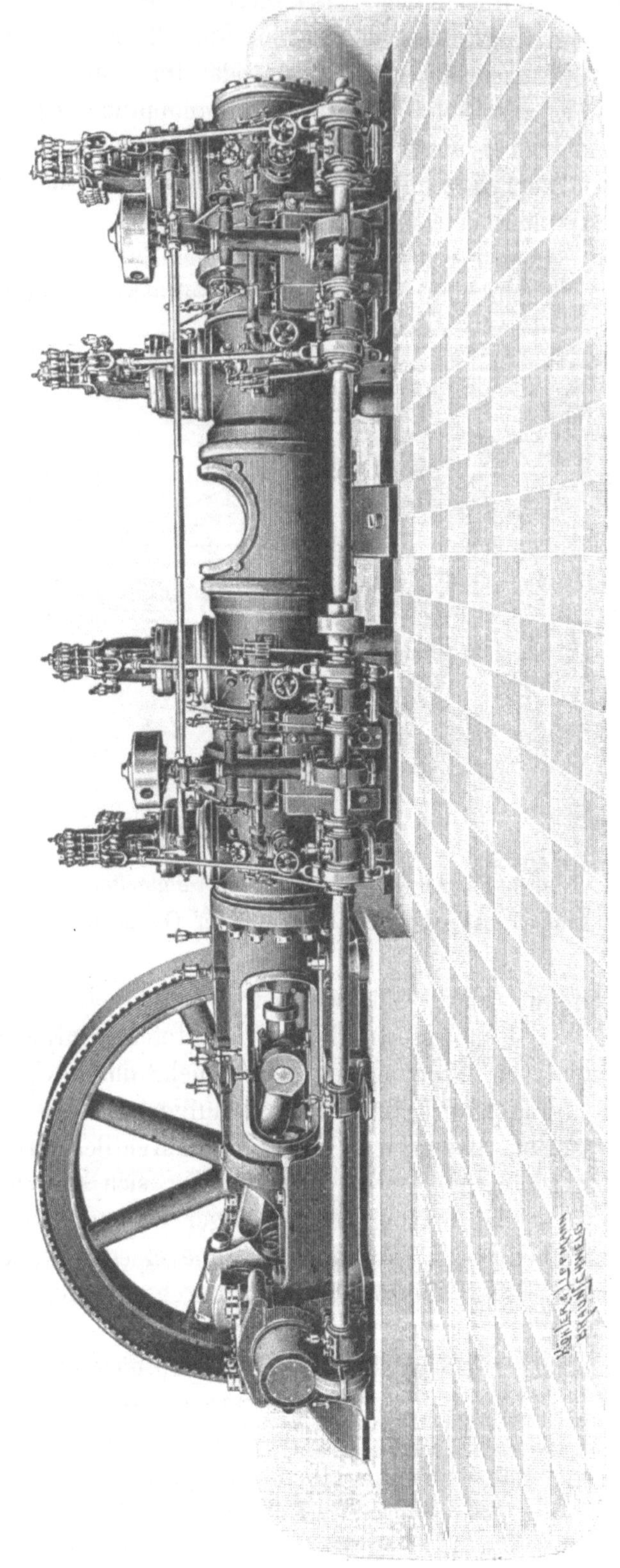

Fig. 75. Zweizylindriger, doppeltwirkender Viertaktmotor der Gasmotorenfabrik Deutz.

Das Zylinderrohr ist mit dem Rahmen verschraubt und ruht außerdem in einem gußeisernen Bett, das in der Mitte einen ringförmigen Kühlraum freiläßt. Aus dem Unterteile des Bettes, in welchen die Gas- und Luftleitungen einmünden, saugt der Kolben die für jede Zylinderseite zu bildende Ladung. Die Reinigung der Kühlwasserräume wird dadurch sehr erleichtert, daß der obere Teil des Bettes abgehoben werden kann. Außerdem sind an der Bodenfläche des Kühlwassermantels Reinigungsluken vorgesehen. Nach hinten ist der Zylinder durch einen einfachen Deckel verschlossen, nach dessen Entfernung sich der Kolben herausnehmen läßt, ohne daß es wie bei den einfachen Viertaktmotoren notwendig ist, Teile der Steuerung auszubauen.

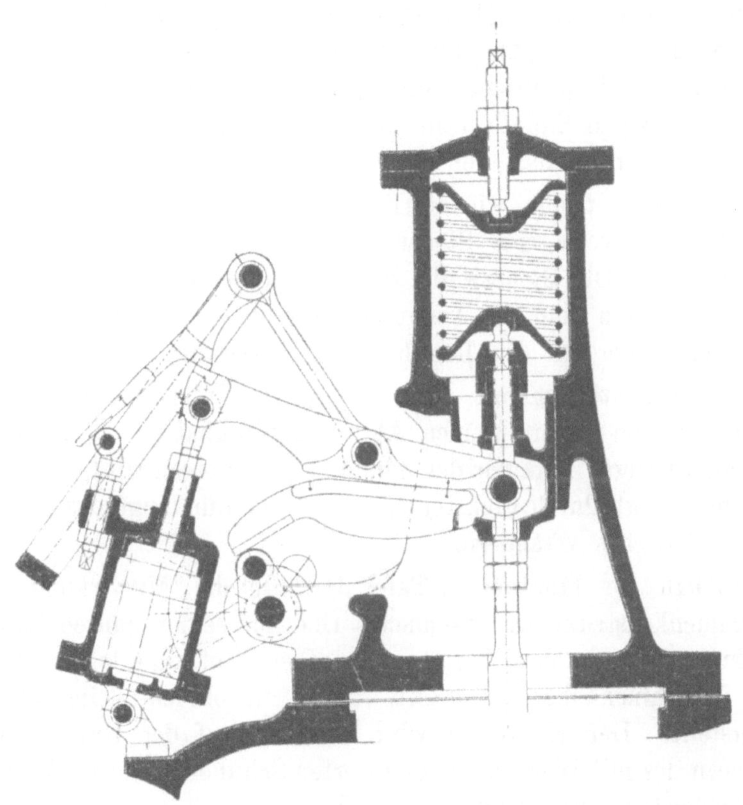

Fig. 76. Steuerung des Gasventils.

Die doppeltwirkenden Viertaktmotoren werden von der Deutzer Fabrik für Größen von 150 PS an aufwärts ausgeführt. Eine Verdopplung der Leistung, die mit einer Erhöhung des Gleichförmigkeitsgrades verbunden ist, kann durch Neben- oder Hintereinander-Anordnung zweier Zylinder zu Zwillings- und Tandem- (Fig. 75) maschinen erzielt werden.

Deutzer Motoren dieses Systems werden in nächster Zeit für den Betrieb mit Koksofengas auf der Zeche Minister Stein (ein Motor von 550 PS) und auf den Steinkohlengruben der Witkowitzer Gesellschaft zu Mährisch-Ostrau (2 Motoren zu 1000 PS) zur Aufstellung gelangen.

Der Doppelviertaktmotor der Nürnberg-Augsburger Maschinenbau-A.-G. Die Nürnberg-Augsburger Maschinenbau-A.-G. hat für den Bau von Großgasmaschinen ebenfalls die Doppelviertakt-Anordnung angenommen. Einen Längsschnitt durch die Zylinder einer 800—1000 PS Tandemmaschine, wie sie von einem Lizenzträger der Nürnberger Fabrik, der Aktiengesellschaft Bergwerksverein Friedrich-Wilhelms-Hütte zu Mülheim a. d. Ruhr, gebaut wird, gibt die Tafel 2. Wie bei der Deutzer Ausführung sind die Ventile übereinander angeordnet, die Einlaßventile oben, die wassergekühlten Auslaßventile unten. Jedem Einlaßventil ist ein Mischventil vorgeschaltet, auf welches der Regulator einwirkt. Je nach der Belastung wird der Beginn des Gaseintritts verändert, während der Zeitpunkt des Ventilschlusses der gleiche bleibt. (Fig. 76.) Infolge der variablen Öffnungsdauer entsteht je nach dem Regulatorstand ein armes und ein reiches Gemisch. Die Mischventile zeigen Doppelsitzanordnung und werden im Freifalle gesteuert, während die einsitzigen Einlaßventile zwangläufig bewegt werden. Die wassergekühlten Auslaßventile hält der Explosionsdruck auf ihren Sitzflächen.

Die Kurbelwelle treibt, wie die Figuren 77a und b erkennen lassen, die längs der Zylinder verlagerte Steuerwelle durch in Öl laufende Schrauben- und Stirnräder an. Die Steuerwelle, welche ein besonderes Schwungrad trägt, betätigt die 8 oberen und die 4 unteren Ventile durch Exzenter und Wälzhebel und setzt außerdem den Regulator in Bewegung.

Jede Zylinderseite ist mit einer doppelten Unterbrecherzündvorrichtung versehen, deren von einer kleinen Akkumulatorenbatterie mit Energie versorgter Stromkreis erst kurz vor der Zündung geschlossen wird. Das Abreißen der Kontakte erfolgt durch Elektromagnete. Der Zündungszeitpunkt läßt sich während des Betriebes verändern.

Der Aufbau der Motoren (s. Tafel 2) läßt die Mitwirkung erfahrener Dampfmaschinenkonstrukteure erkennen. Der auf seiner ganzen Länge unterstützte Rahmen ist, um den Zugang zum Kreuzkopf zu erleichtern, nicht bis zur ganzen Maschinenhöhe aufgeführt, aber im oberen Teile durch Spannstangen versteift. Der Kreuzkopf wird einseitig auf der Unterseite geführt; einem Abheben des mit Weißmetall gefütterten Schuhes ist durch die Anordnung von Führungsleisten vorgebeugt.

Der erste Zylinder ist in üblicher Weise direkt mit dem Rahmen verschraubt. Wärmespannungen im Guß werden durch die einfache Form der Zylinder verhindert.

Arbeits- und Mantelzylinder sind in einem Gußstück hergestellt. Wie die Abbildungen zeigen, braucht der vordere Kreuzkopf bei der Entfernung des Kolbens nicht aus seiner Bahn genommen zu werden. Zwischen beiden Zylindern liegt der Kühlraum. Das mit etwa 6 m Säulendruck zugeleitete Kühlwasser wird nach dem Gegenstromprinzip so geführt, daß es beim Eintritt die heißesten Stellen der Zylinderwandung trifft. In die Zylinder sind oben die Öffnungen für die Einström-, unten diejenigen für die Auspuffventile

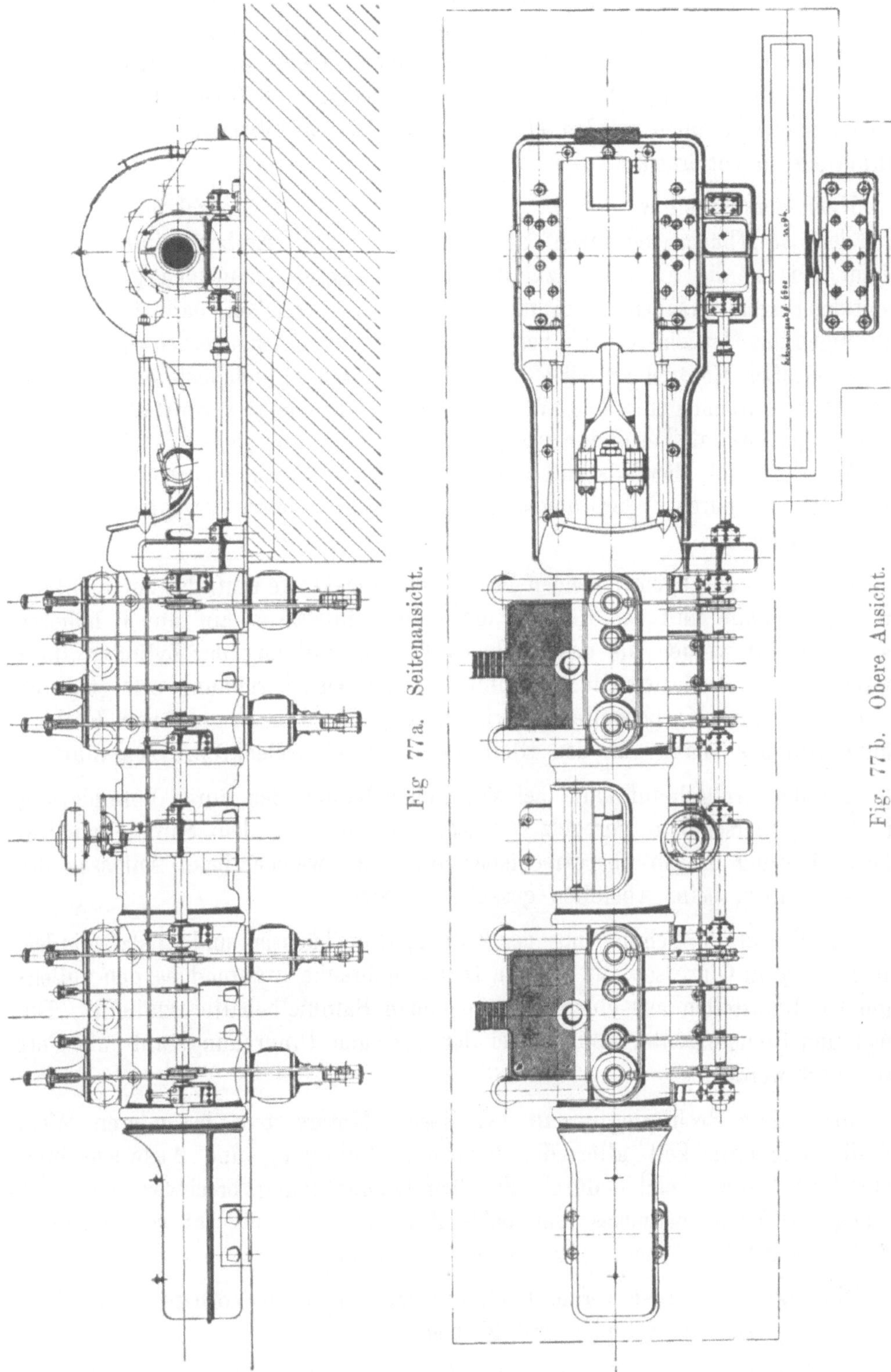

Fig 77 a. Seitenansicht.

Fig. 77 b. Obere Ansicht.

Fig. 77 a. u. b. Doppeltwirkender Viertaktmotor, System Nürnberg-Augsburg.

eingelassen. Die auf den Zylindern sitzenden Ventilkästen, in denen sich Luft und Gas mischen, nehmen die Einlaß- und Mischventile auf, tragen auch die Ventilbügel und die Steuerungsteile. Die Gehäuse der Auslaßventile sind an den Zylinderboden angeschraubt und so eingerichtet, daß die Ventile nach unten herausgenommen werden können, ohne daß es notwendig ist, die Auspuffleitung zu entfernen.

Nach den Seiten werden die Zylinder durch die wassergekühlten Deckel mit den Stopfbüchseneinsätzen abgeschlossen. Die Kolben sind so kurz gebaut, wie es die Festigkeit zuläßt, und mit selbstspannenden gußeisernen Dichtungsringen versehen. Um mit Sicherheit zu erreichen, daß die äußeren Führungen das Gewicht von Kolben und Stange aufnehmen, werden die Kolbenstangen großer Motoren so hergestellt, daß sie sich in unbelastetem Zustande nach oben durchbiegen. Die Verbindung der Stangen vermittelt bei der Tandemtype der im Verbindungsstücke der Zylinder gleitende Kreuzkopf. Die Stopfbüchsen sind ebenfalls mit selbstspannenden Ringen ausgerüstet, hinter denen sich eine durch Federn angedrückte, nach allen Seiten bewegliche Metallpackung befindet.

Wegen der entgegenwirkenden Beschleunigungskräfte muß das zur Kühlung der Kolbenstange und des Kolbens dienende Kühlwasser auf einen höheren Druck gebracht werden als das, welches für die Kühlung der Zylinder, ihrer Deckel und der Auslaßventile bestimmt ist. Die Druckerhöhung erfolgt durch eine kleine von der Kurbelwelle angetriebene Pumpe. Der ausgebohrten Kolbenstange wird das Wasser an den Gleitschuhen durch Gelenkrohre zugeführt.

Der Wasserdurchlauf kann bei sämtlichen Kühlstellen durch Veränderung der Abzugsquerschnitte geregelt werden. In die zu dem Sammelbehälter gehende Leitung ist ein Absperrschieber eingebaut, welcher beim Anlassen des Motors geöffnet, beim Abstellen geschlossen wird.

Das Öl für die Schmierung der Kolben, Stopfbüchsen und Auslaßspindelführung wird in Ölpressen auf höheren Druck gebracht, während es den außenliegenden Reibstellen aus einem hochliegenden Sammelbehälter zufließt. Die Hebel und Steuerexzenter können bei der geringen Umdrehungszahl mit Fett geschmiert werden.

Mit vollem Recht legt man bei diesem Motorsystem besonderen Wert auf die Zugänglichkeit aller der Revision, Reinigung und Auswechselung bedürftigen Teile, welche durch die Tandemanordnung erschwert ist. Die Öffnung des Zwischenstückes, das beide Zylinder verbindet, ist so bemessen, daß die Deckel leicht herausgenommen werden können.

Die Figuren 78a—c veranschaulichen die einfachen Vorbereitungen zum Reinigen der Ventile, Zylinder und Kolben.

Die Nürnberger Gasmaschinen werden bis zu 2000 PS als einfache, bis zu 4000 PS als Zwillingstandemmaschinen gebaut. Für Koksgasbetrieb sind

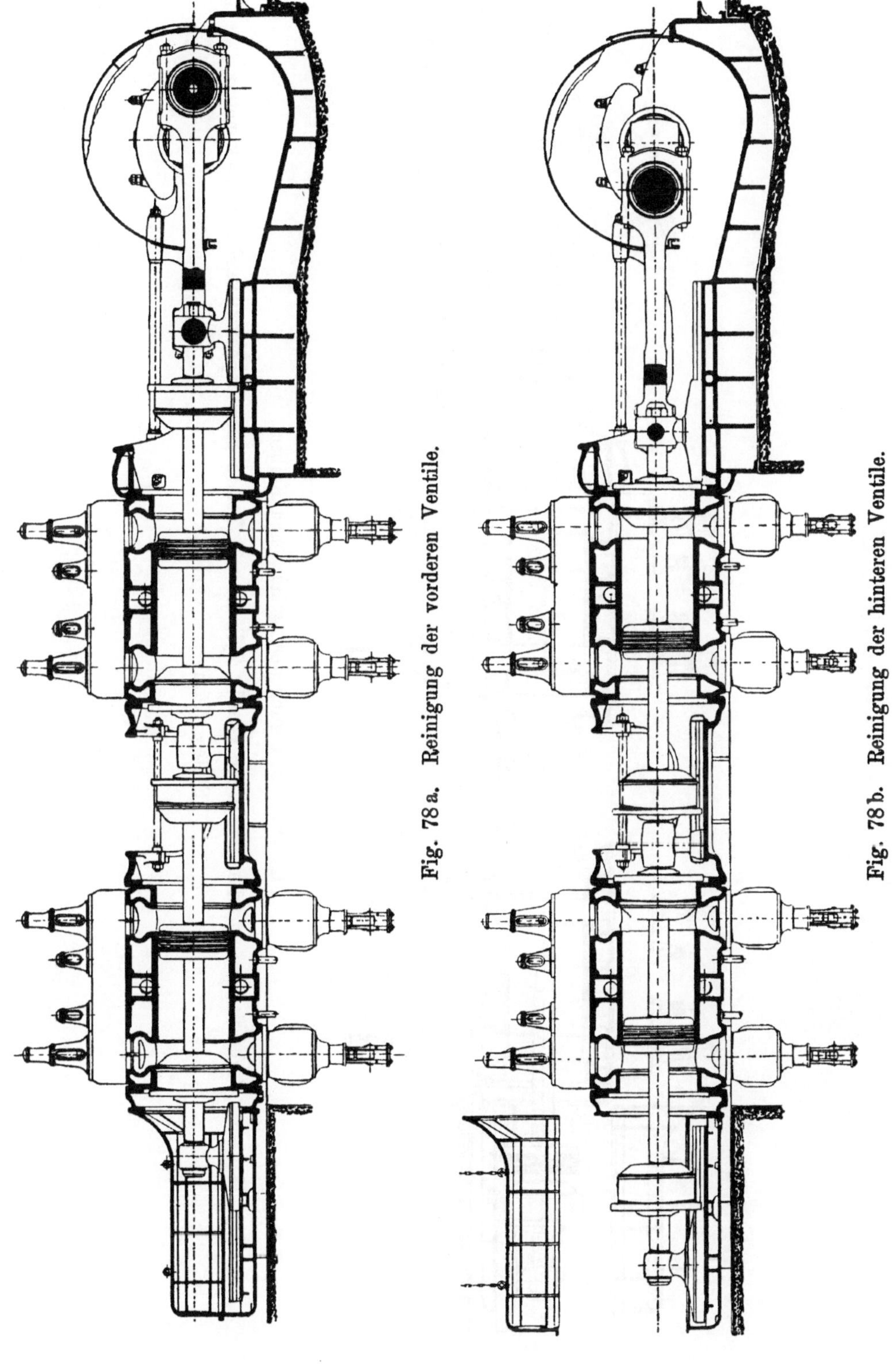

Fig. 78a. Reinigung der vorderen Ventile.

Fig. 78b. Reinigung der hinteren Ventile.

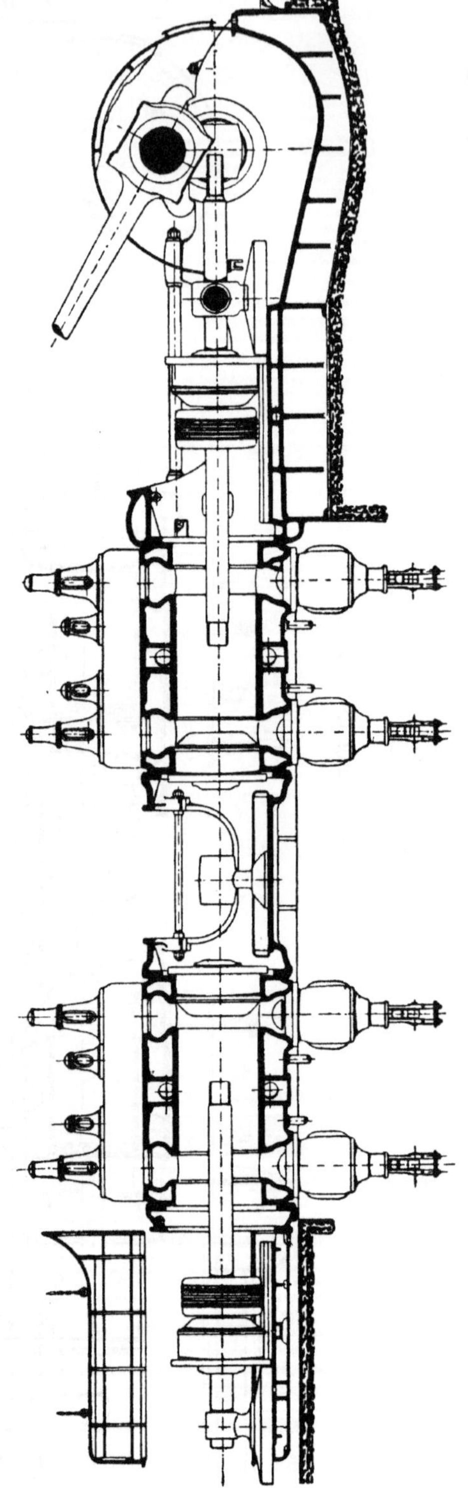

Fig. 78 c. Reinigung der Zylinder und Kolben.

Fig. 78 a—c. Vorbereitungen zur Reinigung der Ventile, Zylinder und Kolben eines doppeltwirkenden Viertaktmotors System Nürnberg-Augsburg.

nach einer während der Drucklegung dieser Arbeit eingegangenen Broschüre folgende Anlagen in Bestellung gegeben:

Kokerei	Anzahl der Motoren	Größe des einzelnen Motors PS	Gesamtstärke der Motoren PS	Umdrehungszahl	Die Anlage kommt in Betrieb:	Betriebszweck
Zeche König Ludwig . .	1	550	550	—	1904	Drehstromgeneratoren
„ Consolidation . .	2	650	1300	125	1905	„
„ Minister Stein . .	1	500	500	125	1904	„
„ Shamrock III/IV .	1	800	800	—	1904	„
„ Lothringen . . .	1	350	350	150	1904	„
Grube Anna des Eschweiler Bergwerksvereins . .	2	500	1000	125	1904	„
Burbacher Hütte . . .	1	1200	1200	100	1905	„
	9	5700				

Der Eschweiler Bergwerksverein wird 2 weitere 1100 pferdige Motoren erhalten, die aber von einer Generatorgasanlage gespeist werden sollen. Generatorgasbetrieb ist auf Zeche Minister Stein als Reserve vorgesehen.

Die Zweitaktmotoren.

Die Zweitaktmotoren unterscheiden sich zunächst von den Motoren des Viertaktsystems prinzipiell dadurch, daß bei ihnen das Gasgemenge nicht durch den Treibkolben in den Arbeitszylinder gesaugt, sondern ihm durch besondere Ladepumpen zugeführt wird.

Der Zweitaktmotor der Firma Gebr. Körting. Dieses System, von dem bereits im vorigen Jahre zum allergrößten Teil für Gichtgasbetrieb 76 Maschinen mit einer Gesamtleistung von 74 050 PS bestellt sind, wird durch die Tafel 3 und die Textfiguren 79 a—c veranschaulicht.

Gas und Luft werden dem Arbeitszylinder durch seitlich von ihm angeordnete besondere Ladepumpen GP bezw. LP mit einem Druck von etwa 0,3 Atm. zugeführt. Da die Kolben beider Pumpen durch die gemeinsame Kolbenstange starr verbunden sind und deshalb mit gleichem Hub arbeiten, entsprechen die angesaugten Mengen von Gas und Luft lediglich dem Kolbenquerschnitt, der dem Heizwert des Betriebsgases angepaßt werden muß. Aendert sich der letztere erheblich, so bemißt man die Pumpen für das schwächste Gas und verdünnt reicheres durch Zufuhr indifferenter Luft soweit, bis es den Heizwert des ärmeren erreicht hat. Die Pumpen fördern Gas und Luft in getrennten Kanälen den tellerförmigen, federbelasteten Einlaßventilen (Fig. 80) zu, welche von oben in den Zylinder eingelassen sind (Fig. 79 b u. c) und durch Nocken von einer längs des Zylinders verlagerten Steuerwelle betätigt werden. Die Form der Einlaßkammern an den Zylinderenden ist, wie Fig. 79 a zeigt, so gewählt, daß sich die Gase nach ihrem Eintritt gleichmäßig vor der Kopffläche des Kolbens verteilen. Darauf wird durch den nach dem Einlaßventil vorgehenden Kolben das Gemenge verdichtet und nahe der inneren Totpunktstellung durch den Unterbrechungsfunken zweier Magnetinduktoren

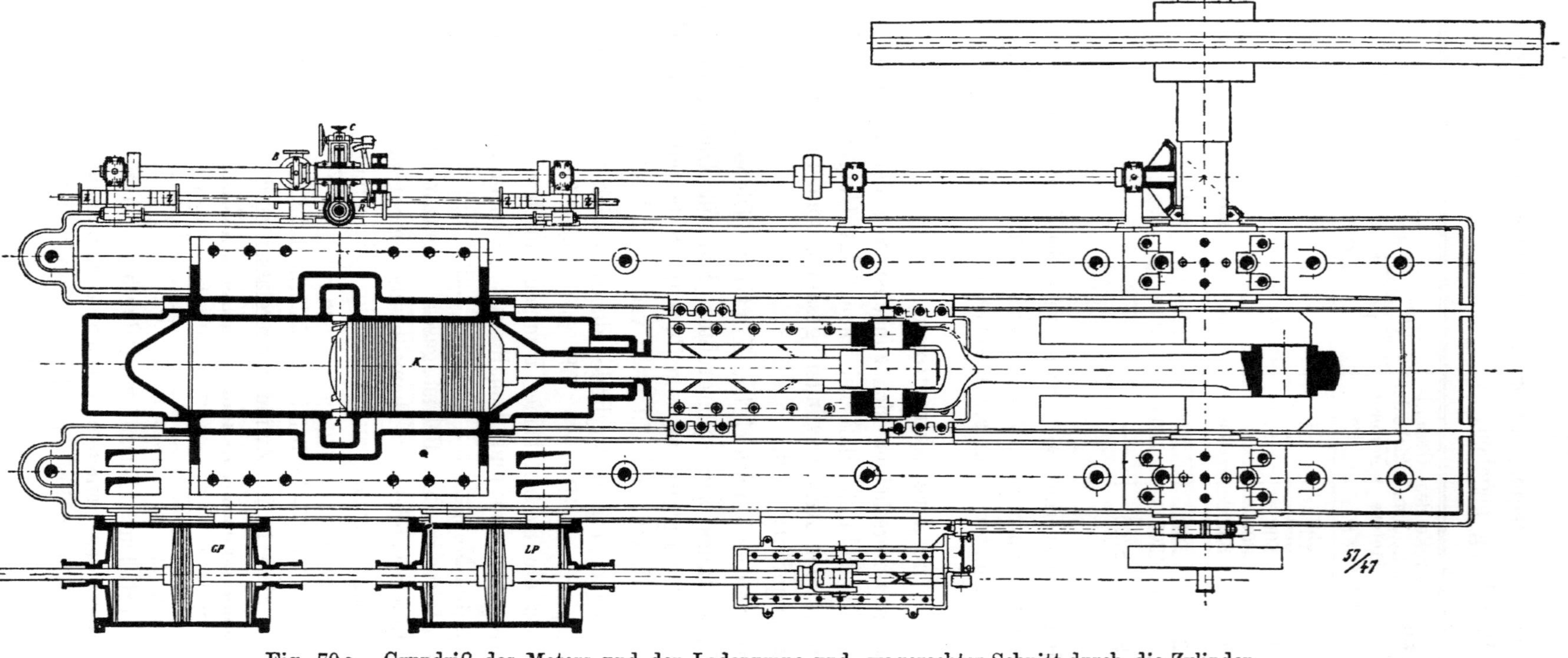

Fig. 79a. Grundriß des Motors und der Ladepumpe und wagerechter Schnitt durch die Zylinder.

Erklärung der Bezeichnungen:

K: Kolben.	B: Steuerung für das Anlassen mit Preßluft.
S: Auslaßschlitze.	
GP: Gaspumpe.	
LP: Luftpumpe.	E: Einlaßventil.
Z: Einstellvorrichtung für die Zündung.	A: Auspuffventil.

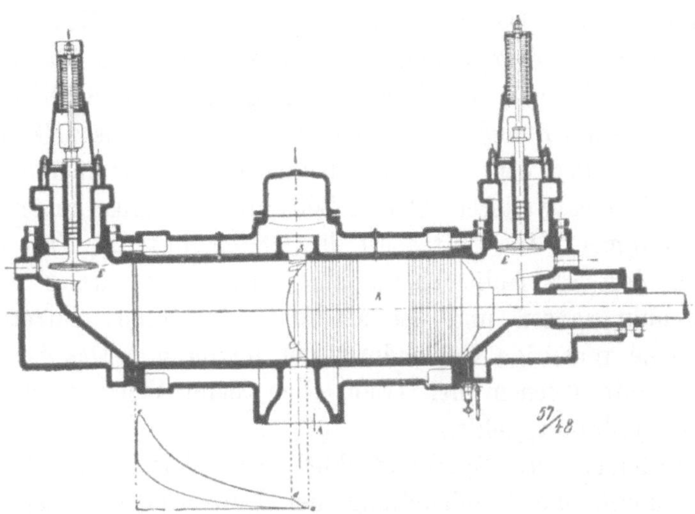

Fig. 79 b. Senkrechter Längsschnitt durch den Arbeitszylinder.

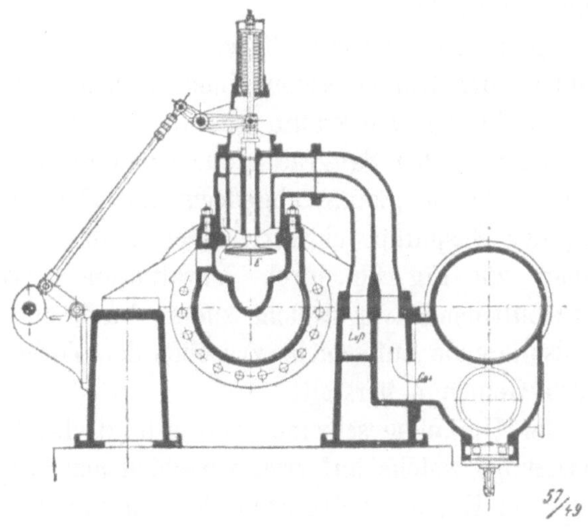

Fig. 79 c. Senkrechter Querschnitt durch den Arbeitszylinder.
Fig. 79 a—c. Doppeltwirkende Zweitaktmaschine, System Körting.

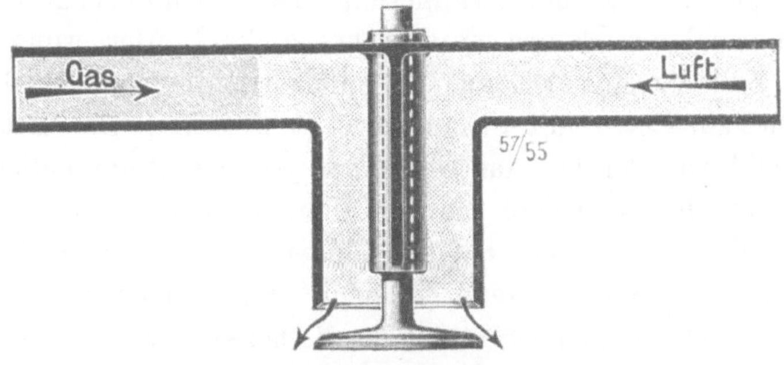

Fig. 80. Schematische Darstellung des Einlaßventiles des Körtingschen Zweitaktmotors.

zur Explosion gebracht. Der Kolben beginnt darauf seinen Krafthub und läßt, nachdem er die Mitte des Zylinders passiert und beinahe die äußerste Totpunktstellung erreicht hat, die Verbrennungsgase durch Schlitze, welche in den Zylinder eingelassen und von einem ringförmigen Auspuffkanal umgeben sind, austreten. Nach der sehr kurz bemessenen Auspuffperiode führen die Ventile während eines weiteren kleinen Zeitraums Strahlen reiner Luft durch die Explosionskammer. Die Luft spült die letzten Reste der Verbrennungsgase aus und verhindert als Isolierschicht eine direkte Berührung zwischen den heißen Verbrennungsgasen und der am Ende der Hubes eintretenden neuen Ladung und eine vorzeitige Entzündung der letzteren. Das ist erforderlich, weil der Hub, mit welchem der Treibkolben beim Viertaktsystem die Verbrennungsgase verdrängt, fehlt.

Das Vordrängen des Spülluftstrahles vor dem Gemisch erzielt der Konstrukteur durch die Voreilstellung der Luft- vor der Gas-Pumpe. Bei der ersteren wird der Saugkanal beim Wechsel der Kolbenstellung zum Druckkanal, während der Kanal, aus dem eben noch die gepreßte Luft entwich, mit dem Saugraume verbunden wird.

Die Gaspumpe geht eine gewisse Strecke leer. Der Kanalwechsel tritt hier erst ein, nachdem der Kolben schon einen halben Hub ausgeführt hat. Während desselben bleibt der Druckraum geschlossen, sodaß die vorher angesaugte Gasmenge wieder in den Saugraum zurückbefördert wird. Erst in der zweiten Hubhälfte wird der Saugkanal abgedeckt und der Druckraum geöffnet, wobei die Wirkung der Gaspumpe einsetzt. Der in den Ventilkanal geführte Gasstrom findet aber, wie Fig. 80 durch Schraffierung erkennen läßt, dort schon die vorgeeilte Luftmenge vor, welche zuerst durch das geöffnete Einlaßventil tritt und die isolierende Luftschicht zwischen den Verbrennungsgasen und dem nachkommenden Gemenge herstellt.

Die Regelung der Umlaufsgeschwindigkeit erfolgt durch Veränderung der Gemischzusammensetzung, welche auf zwei verschiedenen Wegen bewirkt wird.

Einmal verstellt der Regulator den Stein der von zwei Exzentern betätigten Steuerkulisse (siehe Tafel 3) des Gaspumpenschiebers so, daß die Ansaugeöffnung verändert wird. Außerdem wirkt er auf eine Absperrvorrichtung ein, welche in den von der Pumpe zu dem Einlaßventil führenden Kanal eingebaut ist. Es findet also je eine Regulierung der Gaszuführung in dem Ein- bezw. Austrittskanal der Pumpe statt, während die Luftförderung die gleiche bleibt. Jede Zylinderseite ist mit 2 Zündvorrichtungen versehen, welche durch 4 Magnetinduktoren mit Strom versorgt werden. Die Betätigung der 4 Zünder weicht von der bei anderen Motorsystemen gebräuchlichen insofern ab, als sie durch eine besondere von der Hauptsteuerwelle mittels Stirnräder angetriebene Welle erfolgt. Der auf der Zünderwelle sitzende Trieb ist auf ihr nicht fest aufgekeilt, sondern kann in einer schraubenförmigen Nut so verschoben werden, daß der Zünderantrieb der Steuerwelle voreilt oder hinter ihr zurückbleibt. Diese Einrichtung bietet die Möglichkeit, den Zeitpunkt der Zündung entsprechend der jeweiligen Heizkraft des Gases — armes Gas muß beispielsweise früher gezündet werden als reiches — zu verlegen. Ferner kann man beim Anlassen die Zündung hinter dem Totpunkt der Maschine eintreten lassen, wobei der Motor langsam anläuft und Vorzündungen vermieden werden.

Zur Inbetriebsetzung der Maschinen wird Preßluft durch einen einrückbaren, von der Steuerwelle verstellten Verteilungsschieber, der ebenso arbeitet wie bei Dampfmaschinen, abwechselnd in die rechte oder linke Zylinderseite geleitet.

Nach zwei Preßluftfüllungen wird die Kolbenbewegung von der Explosionswirkung übernommen.

Der Zylinder ist mit einem Kühlmantel versehen, der nur an dem Auspuffschlitze eine Unterbrechung erfährt (Fig. 79a und b). Dem langgehaltenen Kolben, welcher in gekühlten Stopfbüchsen geführt wird, strömt das Kühlwasser durch die hohle Stange zu.

Ein mit Koksgas betriebener Motor dieser Type mit einer Leistung von 475 PS wird auf der Zeche Graf Moltke zur Aufstellung gelangen.

Der Zweitaktmotor von Oechelhäuser. Bei dem Oechelhäusermotor hat man auch die Einlaßventile fallen gelassen, als Ein- und Auslaßöffnungen Schlitze gewählt und sämtliche Steuerungsbewegungen den beiden Arbeitskolben übertragen, welche sich innerhalb des an beiden Seiten offenen Zylinders bei innerer Kurbelstellung aufeinander zu, bei äußerer voneinander fortbewegen (Fig. 81). Die Stange des Arbeitskolbens K_2 ist mit der Ladepumpe L direkt gekuppelt. Ihr Kolben saugt je nach der Vorwärts- oder Rückwärtsbewegung von K_2 auf der einen Seite Gas aus der Leitung D_g und auf der anderen Luft aus dem Rohre D_l an und drückt sie beim nächsten Hube mit 0,3 bis 0,4 Atm. Pressung in die Luft- bezw. Gassammelräume R_g oder R_l, welche als Ringkanäle um den Zylinder angeordnet und mit ihm durch 2 parallele Reihen von Schlitzen C_g und C_l verbunden sind.

Gibt der Kolben K_2 beim Rückgang die Luftschlitze C_g frei, so tritt Spülluft in den Zylinder. Um zu vermeiden, daß Gas durch die Auspuffkanäle tritt, ist dafür gesorgt, daß zwar Luft in den Laderaum für Gas, aber nicht Gas in den Raum für Luft eintreten kann. Weiter wird durch zweckmäßige Bemessung des Zylinders erreicht, daß bei höchster Kraftleistung bis höchstens 70 pCt. seines Inhalts mit Gemenge ausgefüllt ist. Bei der weiteren Kolbenbewegung zur äußeren Totpunktstellung werden auch die Schlitze C_g der Gaseinströmung geöffnet, und es bildet sich das Explosionsgemisch. Nachdem der äußere Totpunkt überschritten ist, führt die dreifach gekröpfte Kurbelwelle den Kolben K_1 durch die mittlere Pleuelstange und den Kolben K_2 durch das doppelte Umführungsgestänge gegeneinander, dabei schiebt sich K_1 zunächst über die Auspuffschlitze C_a und komprimiert zusammen mit dem ihm entgegenkommenden Kolben K_2 das Gasgemisch, welches nahe der inneren Totpunktlage durch die doppelte elektrische Zündung zur Explosion gebracht wird. Das explodierende Gasgemisch treibt die Kolben nach außen. Dabei gibt zunächst K_1 die Auspuffschlitze frei, aus denen die noch gespannten Verbrennungsgase austreten. Sobald ihr Druck auf den der Atmosphäre ge-

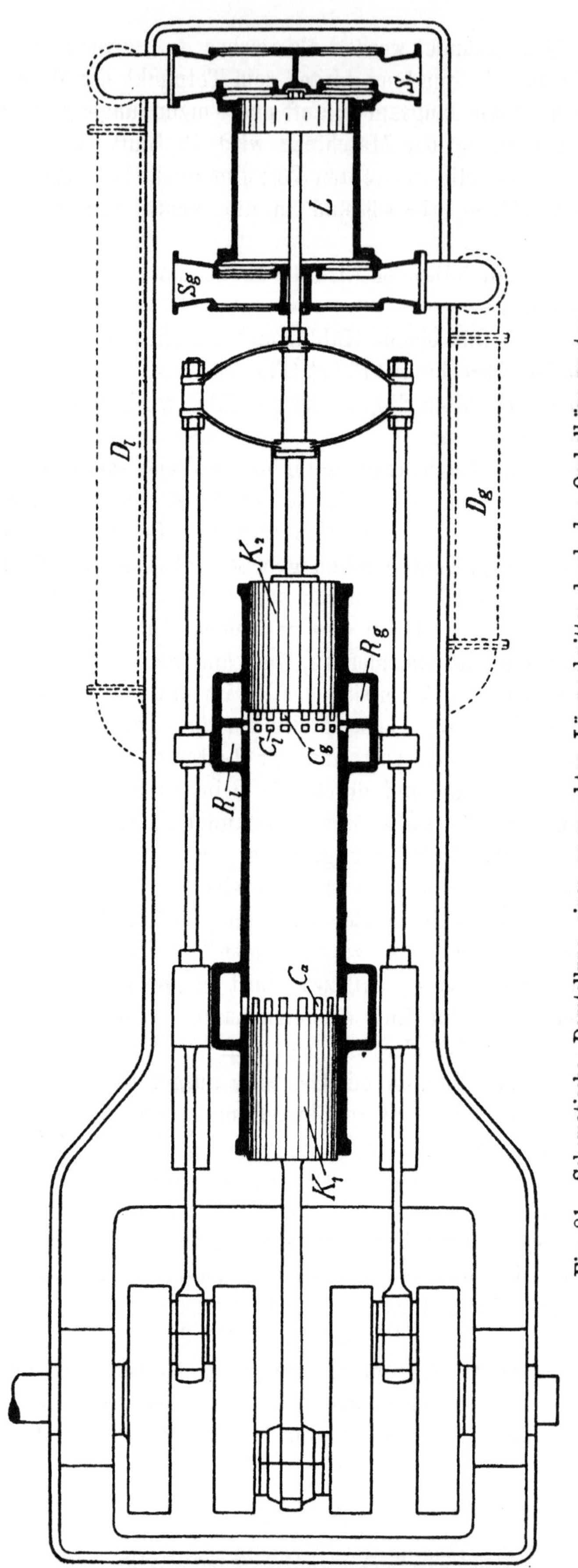

Fig. 81. Schematische Darstellung eines wagerechten Längsschnittes durch den Oechelhäusermotor.

sunken ist, legt der Kolben K_2 die Schlitzreihe C_1 frei, worauf die Spülluft eintritt, welche die letzten Reste der Verbrennungsgase aus dem Zylinder bläst. So wiederholt sich das Spiel.

Die Regulierung erfolgt nach der Methode der Gemischänderung, welche durch die Verstellung zweier zwischen der Ladepumpe und dem Zylinder, also vollkommen kaltliegender Ventile für Luft und Gas bewirkt wird.

Wenn ein besonders hoher Gleichförmigkeitsgrad gefordert wird, sieht man zudem eine Volumenregulierung vor. Der Regulator verstellt dabei einen Schieber, welcher sich je nach der Belastung schließt oder einen mehr oder weniger großen Teil des Gemisches durch eine besondere Leitung aus dem Druckraum in die Saugleitung zurücktreten läßt. Mit dieser Reguliervorrichtung werden nur Motoren für den Antrieb von Arbeitsmaschinen mit präzisem Gang (Dynamos) ausgerüstet. Sie werden auch mit Einrichtungen versehen, die eine Verstellung der Tourenzahl um ± 5 pCt. gestatten. Für andere Zwecke, wie die Betätigung von Pumpen, Gebläsen usw., genügt eine Handregulierung durch Einstellung der Absperrventile in der Gas- und Luftleitung. Auf diesem Wege läßt sich die Tourenzahl etwa auf die Hälfte der normalen herabsetzen. Außerdem wird für gewöhnlich eine selbsttätige Steuerung zur Verhinderung des Durchgehens der Maschine bei plötzlicher Entlastung eingebaut.

Über die Arbeitsweise des Oechelhäusermotors geben die Photographien von Originaldiagrammen in den Fig. 82a—d Auskunft.

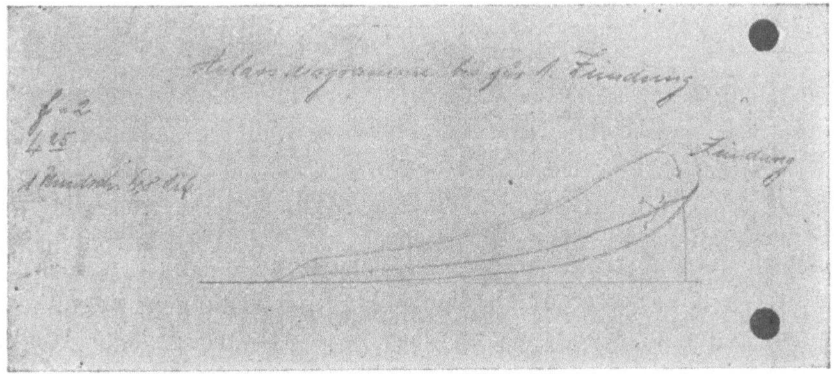

Fig. 82a. Diagramm beim Anlaufen der Maschine mit Preßluft.

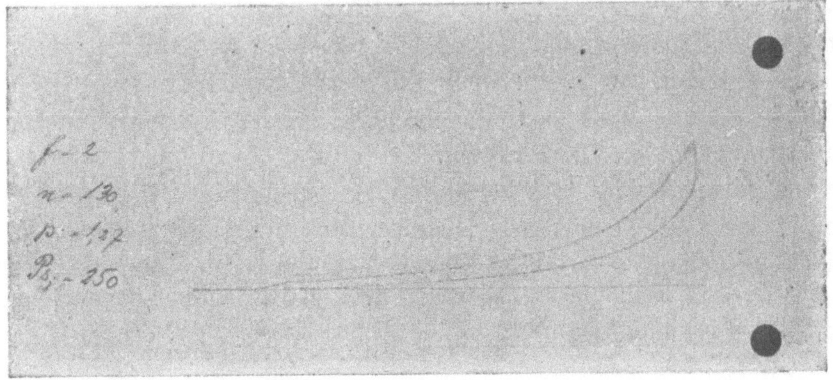

Fig. 82b. Diagramm einer normal 500 PS leistenden Maschine bei geringer Belastung (PSi = 250).

Fig. 82c. Diagramm der Maschine bei mittlerer Belastung. (Li = 493.)

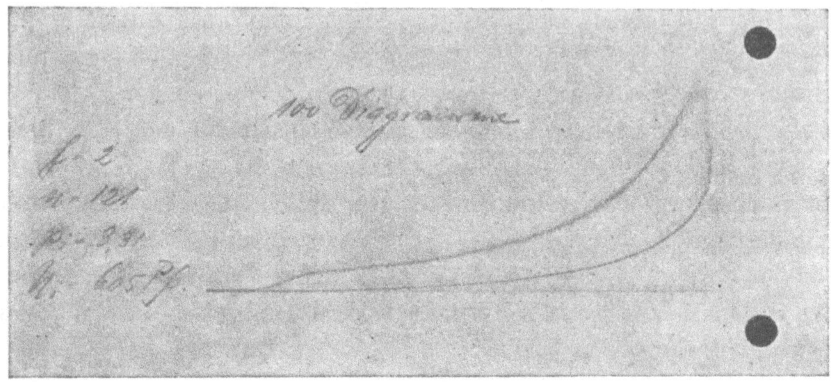

Fig. 82d. Diagramm der Maschine bei starker Belastung. (Ni = 605.)

Die Diagramme beweisen durch die Regelmäßigkeit der Zündungen, daß die Einführung der Ladung durch die Schlitze und die Kolbensteuerung recht präzis ist.

Der Aufbau des Motors ist einfach, Zylinderdeckel und in der Hitze arbeitende Ventile sind nicht vorhanden. Die Kolben laufen in Buchsen, welche in den Zylinderrahmen eingesetzt sind und gekühlt werden. Ihnen selbst wird das Kühlwasser durch die hohlen Kolbenstangen zugeführt. Der Verbrennungsraum ist zylindrisch und hat keine Vorsprünge oder Winkel, die eine Ablagerung von Schmutz oder Zurückbleiben von heißen Verbrennungsrückständen begünstigen könnten. Die Spülluft, welche bei jedem zweiten Hube durch den Zylinder geht, wirkt der Erwärmung entgegen. Da die beiden Kolben der Explosionswirkung die doppelte Fläche bieten wie bei einem Motor mit einem Zylinder, so kommt man mit verhältnismäßig geringen Zylinderquerschnitten aus. Beispielsweise beträgt der Zylinderdurchmesser einer Maschine von 1700 bis 1800 PS nur 1100 mm.

Durch die Anordnung des Triebwerkes der beiden gegeneinander arbeitenden Kolben wird ein weitgehender Ausgleich der Massen erzielt, welcher die Gleichmäßigkeit des Ganges fördert. Diesen Vorzügen des Doppelkolbensystems steht aber der Nachteil entgegen, daß die großen Kolbenflächen eine nicht unbeträchtliche Reibung verursachen.

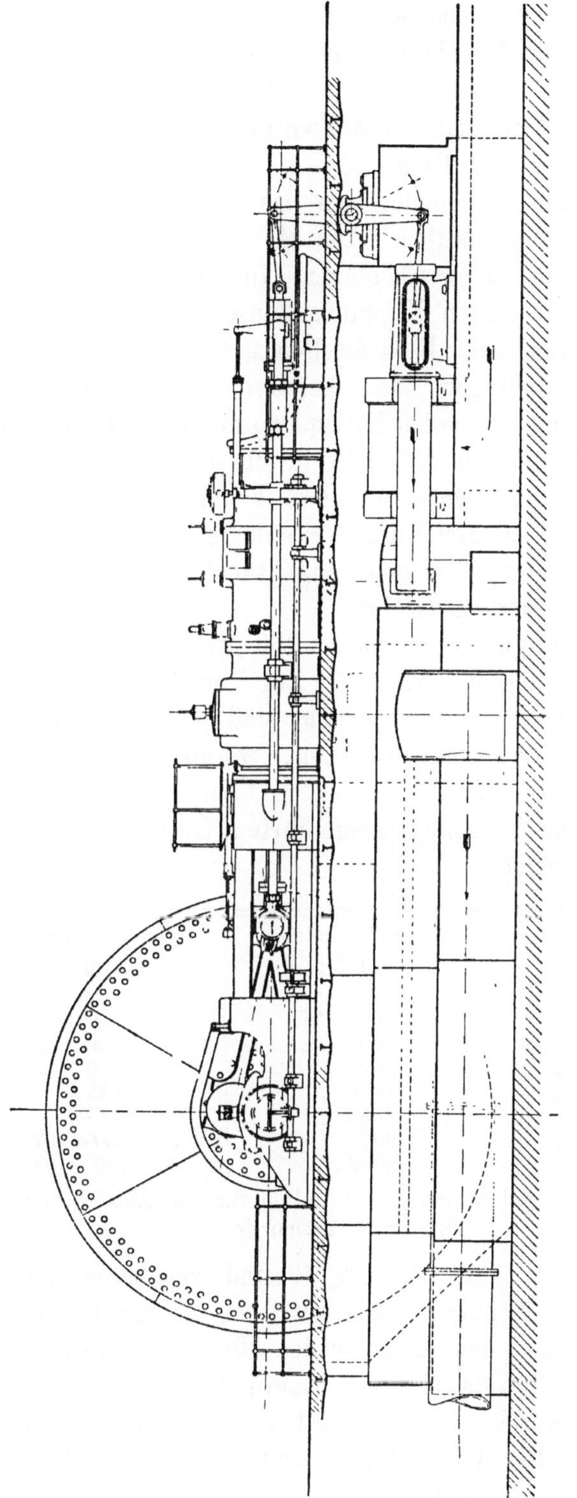

Maßstab 1 : 150.

Fig. 83. Aufriß eines Zwillingsmotors, System Oechelhäuser, für eine Leistung von 3000—3600 PS, mit im Keller liegender Ladepumpe in der Bauart von A. Borsig, Tegel.

Die Ladepumpen weisen ebenfalls eine recht einfache Bauart auf. Um die Länge des Motors zu verringern, verlegt man sie abweichend von der Ausführung in Fig. 81 auch neben oder unter den Motor und treibt sie durch eine besondere Kröpfung der Hauptkurbelwelle oder einen schwingenden Hebel (Fig. 83) an.

Einen Auf- und Grundriß eines Zwillingsmotors für den Antrieb eines Drehstromgenerators gibt die Tafel 4.

Bei dieser Anordnung befindet sich das Schwungrad und der Generator zwischen den beiden Motorhälften. Die Maschine hat im ganzen 6 Hauptlager: 4 Kurbellager und 2 Zwischenlager. In letzteren ist die Zwischenwelle gelagert, die auf beiden Seiten Kupplungsflanschen zur Verbindung mit entsprechenden Gegenflanschen der Kurbelwellen hat. Nach Lösen der einen oder der anderen dieser Kupplungen kann die Dynamo von jeder Gasmotorhälfte allein angetrieben werden. In den Fällen, wo mehr Wert auf geringen Raumbedarf gelegt wird, als auf die Möglichkeit, die Dynamo mit jeder Gasmotorhälfte für sich anzutreiben, können die Zwischenlager in Wegfall kommen; in diesem Falle werden die inneren Kurbelwellenlager mit größeren Abmessungen versehen und die Kupplungen fliegend angeordnet, wodurch die Zwischenwelle eine entsprechende Verkürzung erfährt.

Einen Ungleichförmigkeitsgrad von 1 : 350 erreicht ein 1000 PS-Zwillingsmotor mit einem Schwungrad von 28 t. Zur Vorbereitung der Reinigung hat man, da ja Zylinderdeckel nicht vorhanden sind, nur die Kolbenstange loszukuppeln und den Kolben herauszuziehen, worauf das Zylinderinnere zugänglich ist.

Die normalen von A. Borsig ausgeführten Größeneinheiten des Oechelhäusermotors sind folgende:

Einzylinder-Motor	Zweizylinder-Motor	Umdrehungs-zahl
250 PS	500 PS	150
300 „	600 „	150
400 „	800 „	150
500 „	1000 „	125
750 „	1500 „	125
1000 „	2000 „	94—100—107
1500 „	3000 „	94—100—107

Die ersten und letzten Zahlen gelten für den Antrieb von Drehstrom-Dynamos.

Die Motoren sollen dauernd mit 10 und vorübergehend mit 20 pCt. Überlastung der obigen Nennleistungen betrieben werden können.

Das Bild des mit Koksofengas gespeisten 500pferdigen Oechelhäusermotors auf Borsigwerk in der Fig. 84 läßt die Anordnung des Umführungsgestänges der Steuerwelle, der durch 3 Lager gestützten Hauptkurbelwelle und des Regulators erkennen. Die Ladepumpen sind auf der im Bilde abgewandten Seite neben dem Motor aufgestellt und werden von der Hauptkurbelwelle aus betrieben. Die Gemischregulierung erfolgt durch Verstellung des Gasdrossel-

Fig. 84. Ansicht des mit Koksofengas betriebenen 500 PS-Motors auf Borsigwerk.

ventils von Hand. Wie der Verfasser sich selbst überzeugen konnte, arbeitet diese Reguliervorrichtung so vortrefflich, daß der Motor im Verlaufe einiger Minuten von 80 auf 110 Umdrehungen und zurück gebracht werden konnte, ohne daß der Gang an Gleichmäßigkeit verlor. Für die Überlegenheit des direkten Gasbetriebes über das ältere Verfahren der Dampferzeugung durch Koksofengas spricht wohl am besten die auf Borsigwerk gemachte praktische Erfahrung, daß dieselbe Gasmenge, welche im Gasmotor 500—600 PS entwickelt, früher eben hinreichte, um 3 Kessel von je 100 PS Leistung zu beheizen. Für die Verwertung der noch verfügbaren Koksgasmenge, welche gegenwärtig zur Dampferzeugung in 3 Kesseln von der gleichen Leistung wie die oben erwähnten verwandt wird, soll ein zweiter größerer Motor aufgestellt werden.

Die Anlage bietet für die Kenntnis des Koksgasmotorbetriebes ein besonderes Interesse, weil sie bisher allein von einem unparteiischen Fachmann, dem Professor Dr. Eugen Meyer in Berlin, mit bekannter Gründlichkeit geprüft wurde. Dem Gutachten dieser Autorität im Gasmotorenwesen sind die nachstehenden Angaben über die Versuche entnommen.

Die hauptsächlichste Prüfung fand im August des Vorjahres statt, ihr folgten nach dem Verlauf eines Vierteljahres noch einige Kontrollversuche. Die Abmessungen der Maschine, welche ursprünglich für Gichtgasbetrieb bestimmt war und dann erst durch Verkleinerung der Gasschlitze und Beschaffung einer kleineren Gasladepumpe für Koksgas hergerichtet wurde, sind folgende:

Arbeitszylinder mit zwei gegenläufigen Kolben	Zylinderdurchmesser	675,0	mm
	Hub des vorderen Kolbens	952,2	„
	„ „ hinteren „	947,8	„
Luftpumpe, doppeltwirkend	Zylinderdurchmesser	1140	„
	Hub	500,7	„
	Kolbenstangen-durchmesser vorn	90	„
	Kolbenstangen-durchmesser hinten	70	„
Gaspumpe, einfach wirkend	Zylinderdurchmesser	589,5	„
	Hub	500,7	„

Bei den Versuchen wurden alle 5 Minuten an dem Arbeitszylinder je 15, an der Gaspumpe, an beiden Seiten der Luftpumpe und des angetriebenen Gebläses je 10 Diagramme auf einem Blatt genommen. Die Indikatoren hatten sog. Storchschnabelantriebe, bei denen ein toter Gang nicht auftritt. Die Versuchsdiagramme des Arbeitszylinders unterscheiden sich nicht wesentlich von dem in Figur 82d wiedergegebenen. Zur Bestimmung des Gasverbrauchs diente eine Gasuhr, Bauart Pintsch. Sie wurde vor Beginn der Versuche mit einer gewöhnlich als Druckausgleicher dienenden Gasglocke von 12 cbm Fassungsraum nachgeeicht. Während der Prüfung las man alle 5 Minuten den Stand der Gasuhr ab und bestimmte zugleich die Gastemperatur vor und hinter der Gasuhr sowie den Druck in der Gasleitung. In gleichen Zeitperioden wurden die Umdrehungen des Motors an einem Tourenzähler festgestellt.

Heizwertbestimmungen führte man ungefähr alle Viertelstunden mit Hülfe eines Junkerschen Kalorimeters aus. Für den Wärmeverlust durch Strahlung des Kalorimeters machte man einen Zuschlag von 1 pCt. des Heizwertes. Die Ergebnisse der Gasuntersuchungen, bezogen auf 0^0 C und 70 mm Barometerstand, sind auf folgender Seite angegeben.

Am 4. August 1903 vormittags.

Zeit (Stunde, Minuten)	8^{58}—9^{07}	9^{30}—38	9^{52}—57	10^{13}—20	10^{27}—32	10^{45}—51	11^{04}—09	11^{12}—19
Unterer Heizwert . . WE/cbm	3112	3195	3118	3263	3174	3310	3325	3446

Am 4. August nachmittags.

Zeit (Stunde, Minuten)	2^{30}—37	2^{43}—51	3^{02}—08	3^{15}—22	3^{32}—37	3^{39}—45	4^{00}—05	4^{13}—18	4^{36}—41	4^{48}—54	5^{03}—09
Unterer Heizwert . . WE/cbm	—	3490	3410	3492	3595	3543	3529	3538	3430	3355	3448

Am 5. August vormittags.

Zeit (Stunde, Minuten)	9^{05}—08	9^{11}—16	9^{33}—38	10^{01}—06	10^{13}—18	10^{24}—29	10^{42}—47	10^{59}—11^{04}	11^{21}—26	11^{44}—49
Unterer Heizwert . . WE/cbm	3290	3503	3628	3714	3498	3682	3592	3563	3658	3613

Am 5. August nachmittags.

Zeit (Stunde, Minuten)	2^{44}—49	2^{51}—56	3^{14}—19	3^{38}—43	3^{54}—4^{00}	4^{07}—12	4^{20}—25	4^{44}—49	5^{07}—12	5^{15}—20	5^{42}—47
Unterer Heizwert . . WE/cbm	3668	3695	3747	3786	3790	3810	3860	3657	3484	3737	3750

Das Gas hatte nach 3 Analysen nachstehende Zusammensetzung:

Zeit	10 Uhr vorm.	4 Uhr nachm.	10 Uhr vorm.
Versuchsnummer	I.	II.	III.
Gehalt an CO_2 . . . . in Vol.-Proz.	4,91	4,90	5,30
„ „ schweren Kohlenwasserstoffen „ „ „	2,63	1,80	2,10
„ „ O_2 . . . . . „ „ „	0,20	0,30	0,40
„ „ CO . . . . . „ „ „	11,84	10,60	10,20
„ „ H_2 . . . . . „ „ „	42,00	48,08	43,80
„ „ CH_4 . . . . . „ „ „	19,73	18,43	20,30
„ „ N_2 . . . . . „ „ „	18,69	15,89	17,90

Die Leistungsversuche zerfallen je nach der Tourenzahl des Motors in 4 Gruppen. Von den Gruppen umfaßt die

I. 8 Versuche bei einem Durchschn. v. 110 Umdreh. pro Min.
II. 3 „ „ „ „ „ 96 „ „ „
III. 5 „ „ „ „ „ 85½ „ „ „
IV. 3 „ „ „ „ „ 68 „ „ „

Ferner ist noch zu bemerken, daß die indizierte Leistung einer Zweitaktmaschine der Arbeit des Kraftzylinders, vermindert um den Energieverbrauch der Ladepumpen, entspricht. Da die Luftpumpe für den Motor zu groß bemessen ist, mußte man bei einem Teil der Versuche die zuviel geförderte Luft abblasen lassen. Die Einstellung des Abblaseventils, welche die Versuchsergebnisse stark beeinflußte, ist in der Tabelle der Versuchsergebnisse (siehe Tafel 5, 2. Horizontalreihe der oberen Tabelle) bezeichnet.

Für die Überwindung der Eigenreibung verbrauchte die Maschine bei 100 Umdrehungen 110 PS, sodaß ihr mechanischer Wirkungsgrad zwischen 0,82 und 0,84 lag.

Die meisten Versuche fanden bei günstiger Stellung des Luftablaßventils statt; die Versuche VIIa, VIIIa und XVII bei einer ungünstigen. Bei den Versuchen VII und VIII wurde in der Mitte des Versuches das Luftablaßventil so verstellt, daß in der zweiten Hälfte b mehr Luft durch das Ventil ins Freie ging als in der ersten a. Gleichzeitig wurde durch Drehung des Drosselventils auch die Gaszufuhr verringert. Im übrigen bemerkt Professor Meyer zu den einzelnen Versuchen:

Zu Versuch

VII — Durch Verminderung der Einblaseluft fällt der Wärmeverbrauch um $\frac{1810 - 1670}{1670} \times 100 = 8{,}4$ pCt. des günstigeren Wertes.

VIII — Der Gasverbrauch wird durch Verringerung der Menge eingeblasener Luft günstiger.

XVII u. XVIII. — Dieselbe Beobachtung wie bei VII und VIII.
Bei XVIII war das Luft-Ablaßventil weiter geöffnet, es entwich deshalb mehr Luft ins Freie wie bei XVII, wo das Gemisch infolge des starken Luftzutrittes so arm war, daß

sich Zündungsversager einstellten. Bei XVIII konnte das Gas stärker gedrosselt werden als bei XVII, wobei der Wärmeverbrauch pro PSi um $\frac{3140 - 2260}{2260} \times 100 = \sim 39$ pCt. fiel. Die Umdrehungszahl war bei den Versuchen ungefähr gleich, die Belastung des angetriebenen Gebläses war wenig höher als beim Leerlauf und betrug etwa 150 PS.

Die Ladepumpen verbrauchen bei Vollbelastung und normaler Umdrehungszahl (110 minutl. Umdrehungen) etwa 15 pCt. der indizierten Motorarbeit; dabei ist aber zu berücksichtigen, daß die Pumpen für die zum Koksgasbetrieb verengerten Luftschlitze zu weit bemessen sind.

Der mittlere Wärmeverbrauch von 1660 WE pro PSi wird durch die starken Wechsel der Umdrehungszahl (113—66 minutl. Umdrehungen) nicht viel berührt. Bei günstiger Gemengebildung werden dabei 38 pCt. der im Koksofengas enthaltenen Wärme in Arbeit umgesetzt. Auch die großen Belastungsänderungen (100 pCt. = 878 PSi bei Versuch VIIb und 60 pCt. = 538 PSi bei Versuch XX) beeinflussen den Wärmeverbrauch nur wenig.

Der mittlere Durchschnitt der in diesen Belastungsgrenzen festgestellten Werte 1620 bezw. 1690 WE liegt ebenfalls bei 1660 WE. Bei einer Belastung von nur 42 pCt. $\left(\text{Versuch } \frac{\text{XVIII}}{\text{VIIb}} = \frac{318 . 110{,}6}{878 . 95{,}1}\right)$ stieg der Wärmekonsum bei günstiger Gemischregulierung auf 1820 WE, bei ungünstiger auf 2400 WE, ein beredter Beweis für den großen Einfluß guter Gemischbildung auf die Wirtschaftlichkeit des Gasmotorenbetriebes. Die Untersuchungen Meyers erstreckten sich auch auf den Schmieröl- und Kühlwasserverbrauch. Hinsichtlich des ersteren stellte er fest, daß der Arbeitszylinder in der Stunde 541 g Zylinderöl und 5 Tropfenöler an der Maschine zusammen 1,24 kg frisches Öl verbrauchten, während die übrigen Schmierapparate mit schon einmal gebrauchtem und wieder gereinigtem Öl arbeiteten.

Zur Kühlwasserbestimmung benutzte Meyer 5 nachgeeichte Wassermesser, welche er in je eine Zuflußleitung einschaltete. Die erhaltenen Werte, welche 25—30 pCt. größer waren als die unmittelbar abgelesenen, wurden nach dem Ergebnis der Eichung korrigiert.

Die Wassermesser waren, wie folgt, verteilt:

Der 1. und 3. Apparat maß das Wasser für die hintere Zylinderseite,
„ 2. und 5. „ „ „ „ „ „ vordere „ ,
„ 4. „ „ „ „ „ „ Kolben der Luft- und Gaspumpe

sowie für die Einspritzdüsen zur Kühlung des Auspuffrohres.

Da der Messer 4 nicht genug Wasser für die Kühlung der von ihm versorgten Stellen durchließ, mußte man etwas aus der mit Wassermesser 1 verbundenen Leitung hinzunehmen. Daher ist die von der hinteren Zylinderseite abgeführte Wärmemenge kleiner, als die Werte der unteren Tabelle auf Tafel 5 anzeigen, welche die gesamte von den Messern 1 und 3 durchgelassene Wassermenge wiedergeben.

Die Temperatur des Kühlwassers wurde in der Zuleitung und in den Abflußrohren der vorderen und hinteren Zylinderseite gemessen. Die Zeichen = und * in der unteren Tabelle auf Tafel 5 besagen, daß bei der betreffenden Temperaturmessung ein Beharrungszustand nicht abgewartet werden konnte, bezw., daß er erreicht war.

Trotz der Sommerwärme ergibt sich für die vollbelastete Maschine ein Kühlwasserverbrauch von nur 16 cbm für 740 PS oder 21 l für die indizierte Pferdekraftstunde.

Bei den Versuchen im Oktober fand eine neue Eichung der Hauptgasuhr und des am Junkerschen Kalorimeter angebrachten Gasmessers statt, welche Fehler von 1 bis 2 pCt. ergab. Bei der Prüfung wurde der mittlere Wärmeverbrauch der Maschine pro Pferdekraftstunde genau wie im Sommer zu 1660 WE festgestellt. Nach einer inzwischen vorgenommenen Änderung des Weitenverhältnisses zwischen Gas- und Luftschlitzen konnte der Einblasedruck so herabgesetzt werden, daß die Pumpenarbeit sich auf 10 pCt. der Motorarbeit, gegen früher 15 pCt., ermäßigte.

Bei den Versuchen trat infolge falscher Einstellung des Luftabblaseventils eine Vorzündung auf. Nach Veränderung der Gemischbildung durch eine bessere Ventilstellung wurden Vorzündungen nicht mehr beobachtet.

Der Eintaktmotor von Vogt.

Zur Vervollständigung der Übersicht über die jüngsten Erscheinungen auf dem Gebiete der Gasmotorentechnik sei nachstehend ein neues Gasmotorsystem kurz beschrieben, das auf einem ganz anderen Wege die Gaskraft in mechanische Energie umsetzt wie die bisherigen Anordnungen. Der Erfinder, der Deutsche Adolf Vogt, hat mit seiner Idee bei unseren Konstruktionsfirmen keinen Anklang gefunden und ist deshalb nach London gegangen, wo man gegenwärtig Versuche mit seinem Motor anstellt. Aus dem Umstande, daß der bekannte englische Ingenieur Humphrey dieser Erfindung einen längeren Artikel im Engineering*) widmet, läßt sich entnehmen, daß die Versuche in England Hoffnungen auf einen Erfolg des Systems erweckt haben. Vogt wählt einen indirekten Weg der Krafterzeugung, indem er den Explosionsstoß des Gemisches nicht direkt auf den Kolben, sondern auf eine Wassersäule wirken läßt, welche infolge der erhaltenen Beschleunigung den Kolben verschiebt. Wie die Figuren 85a u. b erkennen lassen, besitzt der Motor zwei vertikale Verbrennungskammern B_1 und B_2, deren Inneres bis auf einen kleinen Raum in der oberen Haube mit Wasser gefüllt ist. Die beiden Kammern sind durch einen horizontalen Zylinder C verbunden. Das Gas tritt durch das Ventil G, die Luft durch A in den Explosionsraum ein, den die Auspuffgase durch E verlassen. Gas und Luft werden vorher durch Ladepumpen, deren Kolben auf

*) Engineering 1904, S. 37 ff.

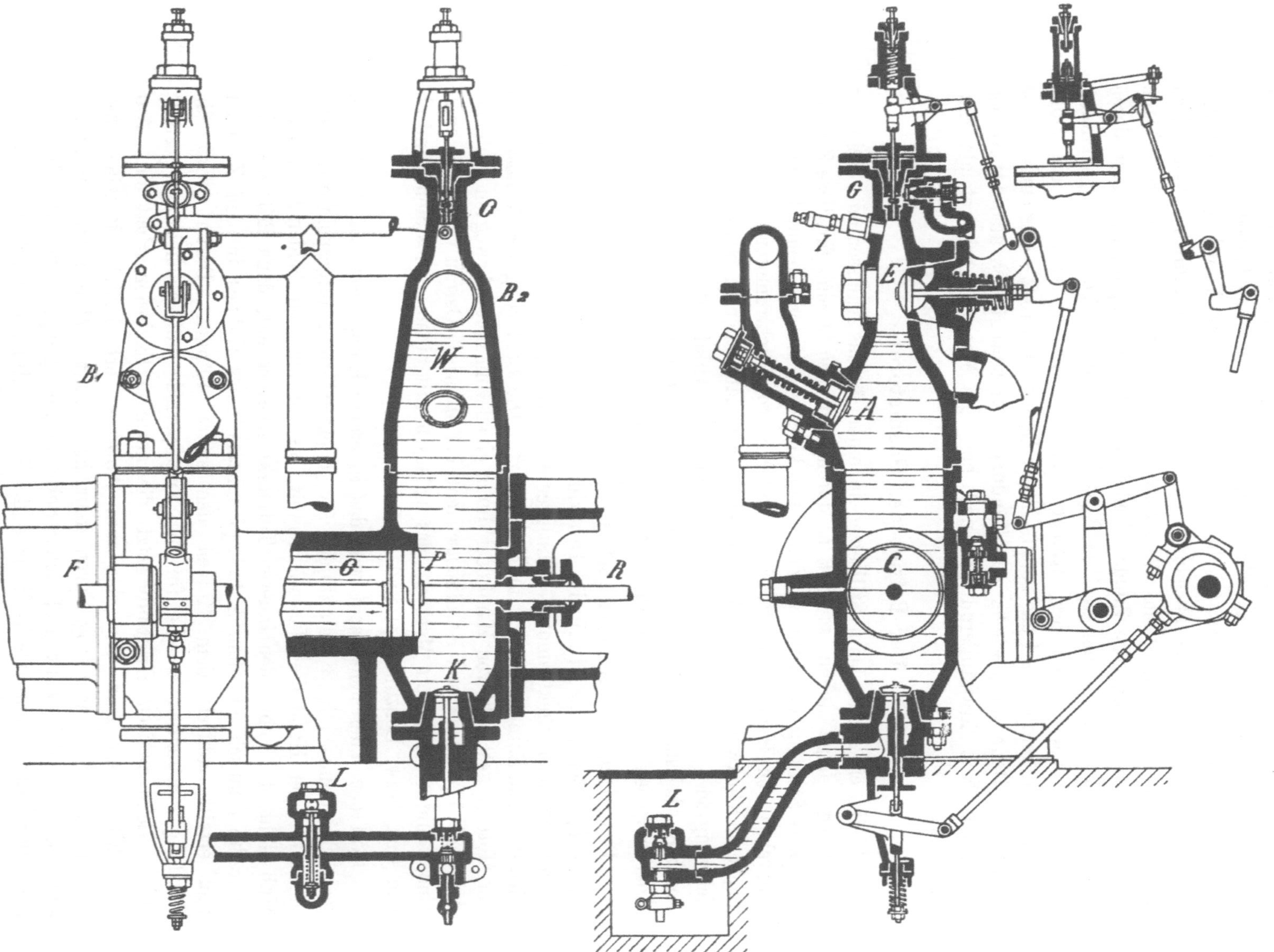

Fig. 85 a. Ansicht bezw. Schnitt des Zylinders in der Richtung der Kolbenstange.

Fig. 85 b. Schnitt quer zum Kolben.

Fig. 85 a u. b. Eintaktmotor von Vogt.

der verlängerten Stange R des Arbeitskolbens sitzen, auf die erforderliche Pressung gebracht. Um das Wasser in den Verbrennungskammern kühl zu halten, wird dauernd etwas frisches Wasser durch das Ventil L zugeführt. Das bei der Stellung der Maschine in Fig. 85 in B_1 befindliche Gasgemisch wird durch die aufsteigende Wassersäule zunächst komprimiert. Dann funktioniert der elektrische Zünder J und bewirkt die Explosion, unter deren Druck die Wassersäule den Kolben P nach der anderen Verbrennungskammer schiebt. Das dort vor dem Kolben stehende Wasser wird in die Höhe gedrängt und komprimiert das bereits in der Reihenfolge Luft—Gas eingetretene Gemenge. Dann folgt wieder eine Zündung. Es bewegt sich also der Kolben bei jedem Hub kraftäußernd hin und her, die Maschine arbeitet als Eintaktmotor.

Der Betrieb der Gasmotoren.

Bleibt ein Motor beim Stillsetzen in einer für das Anlassen oder Reinigen ungünstigen Lage stehen, so muß er durch Andrehen in eine für diese Zwecke geeignete Stellung gebracht werden. Bei kleineren Motoren benutzt man zum Andrehen von Hand bewegte, bei größeren von Elektromotoren usw. angetriebene Klinkwerke, deren Angriffshebel oder Zahnräder in Vertiefungen der Schwungräder eingreifen. Mechanisch betätigte Anlaßvorrichtungen sind von der Sicherheitsbehörde für größere Motoren, bei denen das Ingangsetzen mit einer gewissen Gefahr verbunden ist, vorgeschrieben.

Das eigentliche Anlassen erfolgt meistens durch Preßluft von höherem Druck (bei Borsig 20 Atm.); die Druckluft liefert gewöhnlich ein kleiner, von einem Gas- oder Elektromotor betätigter Kompressor. Der nötige Luftvorrat wird in einem Sammelbehälter aufgespeichert. Die Steuerung des Anlaßventils der Motoren geschieht von Hand oder durch einen vom Motor bewegten Schieber. Auf dem Theresien- und Karolinenschacht bei Mährisch-Ostrau verwendet man eine weniger verbreitete Methode, das Anlassen mit einem explosiblen Gemisch von Gas, bezw. Benzindampf und Luft.

Auf dem Theresienschacht wird das in einem Kompressor auf 6—7 Atm. gedrückte Gemisch in 3 Anlaßtöpfen für je einen Motor aufgespeichert. Man dreht mit der Hand die Maschine soweit, bis der eine der beiden Kolben auf Hub steht, d. h. eben den inneren Totpunkt passiert hat, dann läßt man das gepreßte Gemisch aus dem Anlaßtopf mittels eines Hahnes in den Zylinder und erteilt dadurch dem Kolben den ersten Impuls. Darauf wird die Zündung eingeleitet, welche für die Anlaßperiode auf Nacheilung gestellt wird. Beim zweiten Krafthub setzt die normale Explosionsarbeit ein. Auf dem Karolinenschacht wird das zum Anlassen erforderliche Benzin- und Luftgemenge in einem sog. Carburateur hergestellt. Man setzt den Motor erst durch ein Klinkwerk nach einer Seite in Bewegung, wobei das Gemisch angesaugt wird; dann wechselt man die Drehrichtung und komprimiert das Gemisch durch Rückführung des Kolbens bis nahe in die Totpunktlage. Darauf erfolgt die Zündung, unter deren Wirkung der Motor seinen Lauf beginnt.

Für Gasmotoren, die mit Gleichstromdynamos gekuppelt sind, kommt noch eine dritte Methode des Anlassens in Frage, ein vorübergehender Betrieb der Dynamo als Motor. Voraussetzung ist natürlich, daß eine andere Gleichstromquelle, ein zweiter Stromerzeuger oder eine Akkumulatorenbatterie vorhanden ist, welche genug Strom für den Leerlaufsverbrauch von Dynamo und Gasmotor abgeben kann.

Für die Betriebsfähigkeit der Gasmotoren und daher auch eventuell für die erforderliche Stärke der Reserven ist in erster Linie die Leistungsfähigkeit der Gasreinigung maßgebend. Bei der Verwendung von ungereinigtem Gas war der Motor einer westfälischen Zeche schon nach 8—10 Tagen so verschmutzt, daß man ihn stillsetzen mußte. Nach der Einführung von Sägemehlreinigern kam man mit 4—6 wöchentlichen Reinigungsfristen aus. Am wenigsten Schwierigkeiten hat die Reinigung auf der Stummschen Kokerei verursacht, was man dort hauptsächlich auf die vorzügliche Wirkung des Pelouze-Apparates und die großen Abmessungen der Gasleitung zurückführt. Auch auf den anderen Anlagen, den Schleswig-Holsteinschen Kokswerken, der Julienhütte, dem Borsigwerk, auf dem Johannes- und Theresienschacht hat man die Schwierigkeiten, welche der Gasbetrieb anfangs bot, vollkommen überwunden. Auf der ersten Anlage lief ein Deutzer Motor 11 Monate, ohne daß es erforderlich gewesen wäre, den Kolben herauszunehmen; die Ventile wurden während dieser Zeit zweimal nachgeschliffen. Der Oechelhäusermotor auf Borsigwerk steht während der Woche nur einige Stunden zur Revision der Lager und Getriebeteile still. Eine Reinigung der Kolben findet alle 4 bis 6 Monate statt. Auf der Julienhütte nimmt man die Reinigung der Ventile in regelmäßigen Fristen von 14 Tagen, die der Kolben in solchen von 4 bis 6 Wochen vor. Die Einführung regelmäßiger Perioden von etwa 4 Wochen für die Kolben- und 14 Tagen für die Ventilreinigung, einerlei ob diese Fristen durch die vorliegenden Verhältnisse gefordert werden oder nicht, wird die Betriebssicherheit erheblich fördern, da dann auch den Folgen eines zufälligen Versagens sonst gut wirkender Teerabscheider oder Trockenreiniger vorgebeugt wird. Beim Putzen werden die Verbrennungsrückstände und Krusten von verbranntem Öl im Zylinder, am Kolben usw. durch kleine Schaufeln abgestoßen, dünnere Schmutzschichten durch Abwaschen und Petroleum beseitigt. Die Ventile und ihre Sitze reinigt man auf gleiche Weise und schleift sie, wenn notwendig, nach.

Sehr unangenehme Erscheinungen beim Gasmotorenbetriebe sind unzeitige Zündungen, Vor- oder Spätzündungen, welche den Kolben in einer für die Kraftäußerung ungeeigneten Stellung treffen und durch den Explosionsstoß die Festigkeit der Maschinenteile so beanspruchen, daß diese den geäußerten Kräften oft nicht widerstehen und brechen. Tritt auch kein derartiger Maschinenschaden ein, so macht sich die Störung doch im Betriebe namentlich elektrischer Maschinen äußerst unangenehm bemerkbar.

Die Ursachen für die unzeitigen Zündungen liegen entweder in der Zusammensetzung des Gemisches oder dem Zustand bezw. der Arbeitsweise der Maschine.

8*

Das Gemisch entzündet sich bei dem Überschreiten einer Verdichtungsgrenze, welche von seiner Zusammensetzung abhängt, von selbst. Ein Auftreten von Knallgas in dem Gemisch setzt diese Grenze beträchtlich herab. Das Knallgas bildet sich aus dem im Koksgas reichlich enthaltenen Wasserstoff und dem Sauerstoff der Luft, die durch Undichtigkeiten der Ofenwände, Apparate und Rohrleitungen eingesaugt wird.

In schlecht geputzten oder mit ungenügend gereinigtem Gas betriebenen Motoren entzünden die von der letzten Explosion her nachglühenden Krusten von verbranntem Öl und sonstigen Rückständen, die wegen ihrer schlechten Wärmeleitungsfähigkeit durch die Kühlung nicht zeitig genug gelöscht werden, das Gemisch schon vor vollendeter Kompression. Deshalb ist auf die Verwendung eines ohne Rückstände verdampfenden Öles zu halten und eine überreichliche Schmierung zu vermeiden. Die Arbeitsweise der Maschine sollte durch periodische Diagrammentnahme darauf kontrolliert werden, ob der Zündpunkt richtig liegt und der Zündantrieb nicht voreilt oder zurückbleibt, was zu Vor- oder Spätzündungen führt.

Ein sorgfältig überwachter und mit genügend gereinigtem Gas betriebener Motor hat hinsichtlich der Betriebssicherheit den Vergleich mit einer guten Dampfmaschine nicht zu scheuen. Daß natürlich bei einer neuaufgestellten Anlage in den ersten Monaten des Betriebes einige Störungen auftreten, welche meistens einem Mangel an Schulung des Betriebspersonals und an Erfahrungen über das Verhalten des Gases, sowie über die Arbeitsweise des Motors bei den gegebenen Belastungsverhältnissen entspringen, darf nicht Wunder nehmen. Wie schnell und vollkommen diese Schwierigkeiten aber nach längerem Betrieb verschwinden, beweist das Betriebsdiagramm (Fig. 86) der 3 Motoren auf dem Theresienschacht für die Zeit vom 1. November 1901 bis 31. Dezember 1903.

Wir sehen daraus, daß die Maschinen nach einem anfänglich sehr oft unterbrochenen Betriebe später mehrere Monate ohne jeglichen Stillstand liefen und Störungen nicht eintraten. Trotzdem hat die Betriebsverwaltung zur Sicherheit regelmäßige Reinigungen in Zeiträumen von 1 bis höchstens $1^1/_2$ Monaten angeordnet.

Die Verwendung der Gasmotoren.

Wie die Tabellen auf S. 16 und S. 97 beweisen, dienen die meisten bereits ausgeführten Koksgasmotorenanlagen zum Antriebe elektrischer Stromerzeuger und nur auf zwei Hüttenkokereien zur Betätigung von Gebläsen. Die in Ausführung begriffenen Anlagen sind ausschließlich für elektrische Betriebe bestimmt, wohl deshalb, weil man die großen Vorteile, welche die Einschaltung der elektrischen Kraftübertragung zwischen Gaskraft- und Arbeitsmaschinen bietet, nicht missen will. Eine Verteilung des Gases zum Betriebe vieler kleinerer Motoren, welche früher des öfteren vorgeschlagen wurde, dürfte wegen der erforderlichen Gas- und Kühlwasserleitungen und anderer Nachteile gegenüber dem elektrischen Triebwerk überhaupt nicht mehr in Frage kommen. Von den Bergwerksmaschinen über Tage eignen sich die Luftkompressoren,

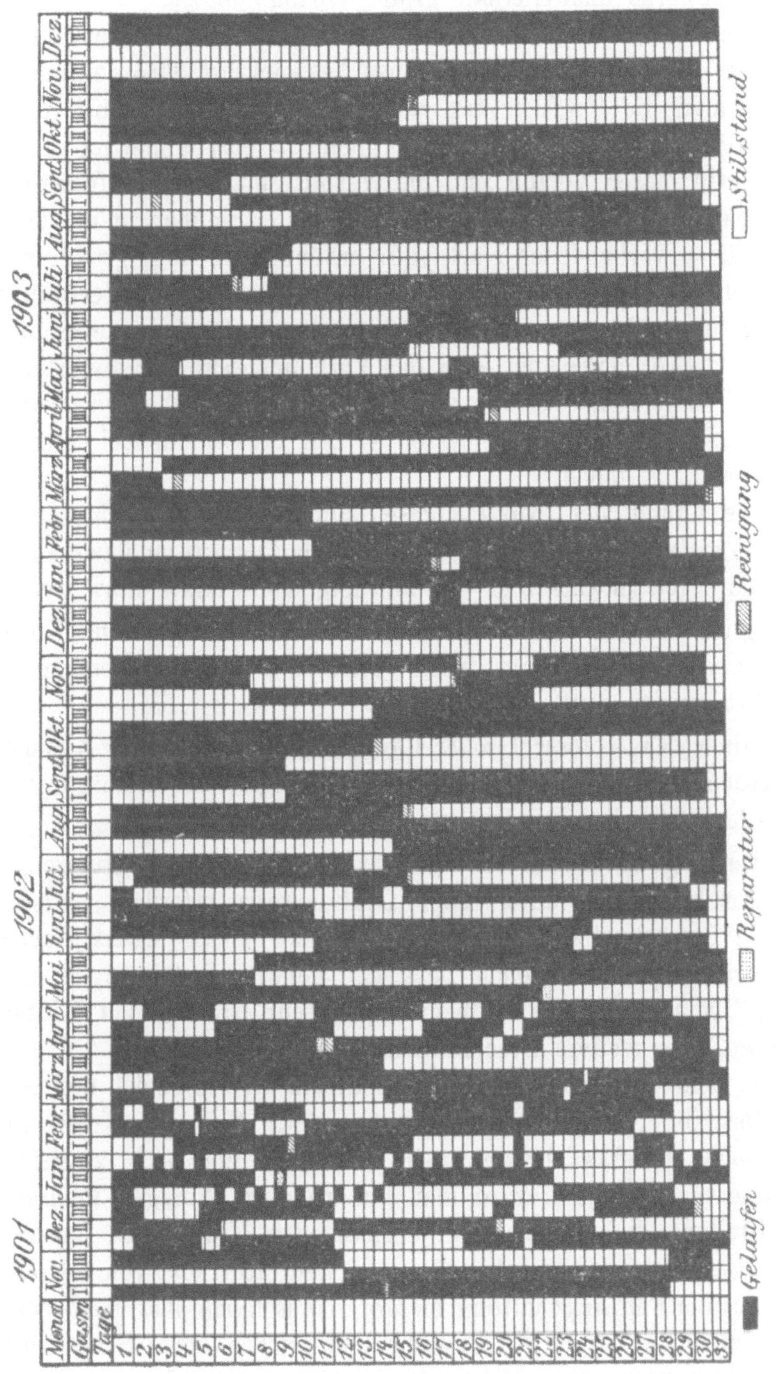

Fig. 86. Betriebsdiagramm der Gasmotoren auf dem Theresienschachte.

die Pumpen für die Kondensation usw. für den direkten Antrieb durch Großgasmotoren. Bezüglich der ersteren ist allerdings der Umstand zu berücksichtigen, daß eine Dezentralisation der Preßlufterzeugung *) mit Hülfe des elektrischen Triebwerks unzweifelhaft große Vorteile bietet.

Der Antrieb in der Nähe der Kokerei belegener Ventilatoren durch Gasmotoren, wie er auf Zeche Mathias Stinnes beabsichtigt wird, empfiehlt sich deshalb, weil man die Kraftleistung des Gasmotors und damit die Luftförderung beträchtlich steigern kann, was beim Drehstromantrieb Schwierigkeiten bietet. Ob dieser Vorzug und die Verbilligung der Kraftkosten durch direkte Verwertung der primären Energie die gegenüber dem indirekten elektrischen Betrieb vorhandenen Nachteile: erhöhte Wartung, größeren Raumbedarf, Notwendigkeit stärkerer Fundamente, vermehrten Verbrauch von Schmiermitteln usw. überwiegen wird, läßt sich nur für jeden einzelnen Fall beurteilen. In den Anlagekosten wird das Vorhandensein oder die erforderliche Neuanlage von Reserven, welche wegen der Reinigungspausen beim Gasmotor meistens wohl viel größer bemessen werden müssen als bei dem Elektromotor, den Ausschlag geben.

Einer Verwendung der Koksofengase zum Betriebe von Motoren unter Tage stehen so viele Schwierigkeiten entgegen, daß praktisch davon kaum die Rede sein kann. Ich möchte hier nur auf folgende Punkte hinweisen:

1. Bezüglich der Gasleitung: Gefahren bei Undichtigkeiten, Kosten der Gas- und Auspuffleitung, welch letztere zum ausziehenden Schacht geführt werden muß.
2. Bezüglich des Motors: Großer Raumverbrauch, erhöhter Anspruch der Wartung, Notwendigkeit einer Reserve wegen der Reinigungspausen, Erfordernis starker Fundamente usw.

Die Verwendung des Gasmotors zum Betriebe der Wasserhaltungen, welche allein von den Maschinen unter Tage Großmotoren erfordern, wird durch die Einführung der schnellaufenden, für den Elektromotor eigens geschaffenen Hochdruckzentrifugalpumpen, welche nach den neuesten Erfahrungen im Ruhrrevier und in Oberschlesien die Kolbenpumpen sehr bald in den Hintergrund drängen dürften, eine weitere Beschränkung erfahren.

Nach alle dem wird das fast ausschließliche Arbeitsgebiet des Großgasmotors der Betrieb elektrischer Generatoren sein. Um die Krafterzeugung dem schwankenden Kraftbedarf anpassen zu können und sich zugleich eine bestimmte Reserve zu sichern, wird man bei größeren Anlagen mehrere Gasdynamos aufstellen, die je nach dem vorhandenen Kraftbedarf einzeln oder zusammen in Parallelschaltung arbeiten. Bei dem Antriebe von Gleichstrommaschinen bietet die Parallelschaltung mehrerer Maschinen oder die Zuschaltung einer Dynamo zu einer bereits im Betriebe befindlichen keine Schwierigkeiten. Sind in dem Stromkreise auch Beleuchtungskörper vorhanden, so genügt ein Gleichförmigkeitsgrad des Gasmotors von 1/80 — 1/100, um größere

* Glückauf 1903, Nr. 40 u. 41.

Schwankungen in der Spannung und durch sie verursachte Zuckungen im Licht zu vermeiden.

Die Drehstromgeneratoren, welche heutzutage das Feld der Arbeitsverteilung beherrschen, verlangen eine viel größere Gleichmäßigkeit des Ganges der Antriebsmaschinen. Die Schwankungen, welche beim Gasmotor zwischen der Beschleunigung des Schwungrades während des stoßartig wirkenden Krafthubes und seiner verringerten Energieabgabe in der Auslaufperiode auftreten, dürfen nicht groß sein, weil sonst nicht die Uebereinstimmung der Winkelgeschwindigkeiten und Phasen erzielt wird, die notwendig ist, um mehrere Drehstrommaschinen „im Tritt zu halten" und betriebsgefährliche Ausgleichströme zwischen ihnen zu vermeiden.

Ein recht anschauliches Bild der Vorgänge bei der Parallelschaltung zweier von Gasmotoren betätigter Drehstromgeneratoren gibt die Figur 87 in

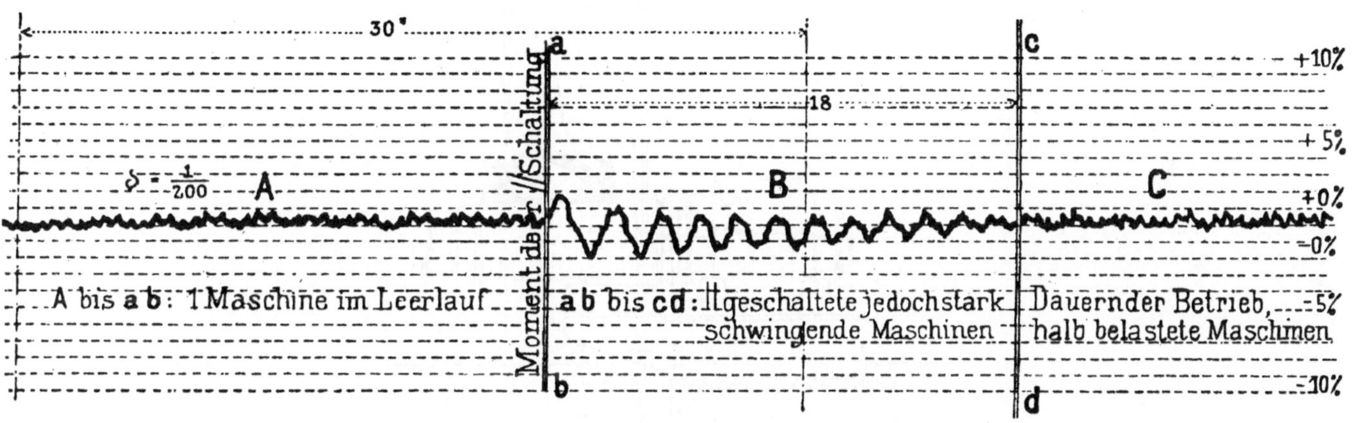

Fig. 87.
Diagramm der Tourenschwankungen zweier Drehstromgeneratoren bei der Parallelschaltung

einem auf dem Theresienschacht vermittels Hornscher Tachographen aufgenommenen Diagramm.

Der Teil A spiegelt die regelmäßigen Schwankungen im Arbeitszyklus eines der Viertaktmotoren wieder, deren Gleichförmigkeitsgrad nach eingehenden Versuchen 1/200 beträgt. Bei der Parallelschaltung, die hinter der senkrechten a b einsetzt, treten zunächst starke Veränderungen der Umdrehungsgeschwindigkeit auf. Der Gleichförmigkeitsgrad geht dabei auf 1/25 herab. Nach 18 Sekunden beginnt aber schon ein gewisser Beharrungszustand, und am Ende des Feldes B und im Felde C sind die Schwankungen nicht größer als vorher, wo nur eine Maschine im Betriebe stand.

Der Gleichförmigkeitsgrad hängt außer von der Leistungsfähigkeit der Reguliervorrichtungen an der Kraftmaschine von dem Verhältnis der energieerzeugenden zu den energieverbrauchenden Hüben und von der Größe der ausgleichenden Schwungmassen ab. Das erste Verhältnis ist durch das System des Motors gegeben und gestaltet sich natürlich bei den Zweitakt- und doppeltwirkenden Viertakt-Motoren günstiger als bei den einfachwirkenden Maschinen des letzteren Systems mit ihrer geringen Zahl von Kraftimpulsen. Die Größe des wirksamen Schwunggewichtes ist durch die Massenausgleichung der Getriebeteile unter sich selbst und das Vorhandensein zusätzlicher Massen in den Schwungrädern und dem rotierenden Teil der Dynamos gegeben. Um letztere möglichst groß zu gestalten und die Anordnung besonderer Schwungräder zu umgehen, macht man bei den Spezialausführungen von elektrischen Generatoren für Gasmotorantrieb den rotierenden Magnetkranz möglichst schwer und gibt ihm eine für die Schwungarbeit geeignete Form. Die Allgemeine Elektrizitätsgesellschaft ordnet bei ihrer durch die Figuren 88a und b veranschaulichten

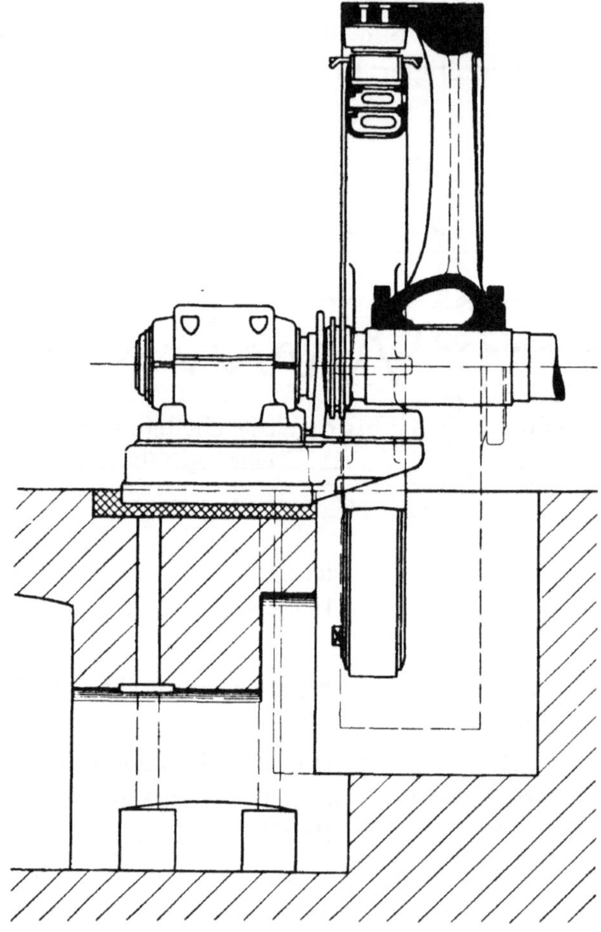

Fig. 88a. Querschnitt.

Außenpolschwungraddynamo den feststehenden Drehstromring in umgekehrter Weise wie bei den normalen Ausführungen innerhalb des umlaufenden Magnetrades an.

In der Leblancheschen Dämpferwicklung und der elektrischen Schwungradbremse stellt die Elektrotechnik auch Mittel zu einer präzisen

Einregulierung der Maschinengeschwindigkeit für die Parallelschaltung zur Verfügung.

Die Leblanchesche Dämpferwicklung wurde von den Siemens-Schuckertwerken bei den Generatoren auf Theresienschacht angebracht, nachdem es auf andere Weise nicht gelungen war, einen dauernd gesicherten Parallelbetrieb zu erreichen. Diese Wicklung besteht in kurzgeschlossenen Spulen, die auf die Polschuhe der Magneträder aufgesetzt werden. Bei der Drehung des Rades bilden sich in den Dämpferwicklungen der Entstehung großer Ausgleichströme entgegenarbeitende Wirbelströme. Die Vorrichtung hat sich auf Theresienschacht sehr gut bewährt. Allerdings wird der Wirkungsgrad der

Fig. 88b. Ansicht.
Fig. 88a u. b. Außenpolschwungraddynamo.
Ausgeführt von der Allgemeinen Elektrizitätsgesellschaft, Berlin.

Dynamos durch den Stromverbrauch der zusätzlichen Wicklung um etwa 1 pCt. verringert; das spielt aber bei der erhöhten Betriebssicherheit der Maschine keine Rolle.

Auf ähnliche Weise erzielt man mit der Schwungradbremse, einer Konstruktion der Gebrüder Körting*), welche bei den Generatoren auf Julienhütte in Anwendung steht, eine genaue Einstellbarkeit der Gasdynamo.

*) Elektrotechnische Zeitschrift 1902, Heft 20—22.

Die Bremse setzt sich aus einem oder mehreren an einem gußeisernen Halter (Fig. 89) sitzenden Magnetpolen zusammen, welche in den feststehenden Induktorring des Generators in ganz geringem Abstand von dem Schwungrad eingebaut werden. Erregt man die Magnetspulen mit Gleichstrom, so hemmen sie den Lauf des Schwungrades durch magnetische Anziehung und zwar entsprechend der Stärke des Erregerstromes, welche durch Widerstände an der

Fig. 89. Einpolige Schwungradbremse von Körting.

Schalttafel reguliert werden kann. Die letzteren sind so abgestuft, daß sich jede beliebige Belastung des Schwungrades zwischen Null und Voll erreichen läßt.

Diese einfache Vorrichtung gestattet, die hinzuzuschaltende Maschine vor dem Parallelschalten zu belasten und damit die Tourenzahl auf dieselbe Höhe wie bei den schon im Betriebe befindlichen Generatoren zu bringen.

Den Synchronismus erkennt man an dem Synchronismus-Voltmeter. Nach dem Parallelschalten wird durch allmähliches Verringern des Erregerstromes der Bremsmagnete ein Teil der Belastung an die zugeschaltete Maschine übertragen. Während des normalen Betriebes ist die Bremse ausgeschaltet. Bei der Stillsetzung der Generatoren ermöglicht sie es, vom Schaltbrett aus ohne Betätigung des Gasmaschinenregulators die auszuschaltende Maschine zu entlasten und dadurch noch während des Parallelbetriebes die Belastung allmählich auf jene Maschinen zu verteilen, welche im Betriebe bleiben sollen. Auch ist es mittels der Bremse ohne weiteres möglich, das Wattmeter der auszuschaltenden Maschine auf den Nullpunkt zu bringen, sodaß die darauf folgende Außerbetriebsetzung ohne irgend eine Beeinflussung der Netzspannung vor sich geht.

Eine Parallelschaltung nimmt auf der Julienhütte dank dem Vorhandensein der Schwungradbremsen höchstens 2 Minuten bis zur Erreichung des vollen Synchronismus in Anspruch.

Fig. 90. Mehrpolige Schwungradbremse von Körting, zwischen den Schildern des Induktorringes eingebaut.

Angaben über die Betriebskosten von Koks-Gasmotoren liegen von den älteren Anlagen wohl vor, sie weichen aber in ausschlaggebenden Positionen (Reparaturkosten, Schmieröl- und Kühlwasserverbrauch, Reinigungskosten) so sehr voneinander ab, daß sich Normen aus ihnen nicht ziehen lassen. Als gute Mittelwerte für den Gas-, Öl- und Kühlwasserkonsum sind die von Professor Meyer für den Oechelhäusermotor auf Borsigwerk festgestellten Zahlen anzusehen.

Jedenfalls erscheint es unzweifelhaft, daß der mit Koksgas betriebene Motor weit wirtschaftlicher arbeitet als selbst eine mit den neuesten Errungenschaften der Technik ausgestattete Kolbendampfmaschine. Anders liegen die

Verhältnisse gegenüber der Dampfturbine, welche zwar bezüglich des thermischen Nutzeffekts auch weit hinter der Gaskraftmaschine zurückbleibt, in der Beanspruchung von Raum, Wartung und Schmierung aber wesentliche Vorteile ihr gegenüber aufweist.

Die Überlegenheit des einen oder anderen Motors wird sich nur für jeden einzelnen Fall feststellen lassen. Einwandfreies Material für einen Vergleich von Großgasmotoren verschiedener neuer Systeme mit Dampfturbinen werden einige in Ausführung befindliche Anlagen liefern, wo Gasmaschinen und Dampfturbinen nebeneinander im Betriebe stehen werden.

Druck von T. Reismann-Grone in Essen.

Additional information of this book

(Die Verwertung des Koksofengases, insbesondere seine Verwendung zum Gasmotorenbetriebe; 978-3-642-47109-4) is provided:

http://Extras.Springer.com

Zu beziehen vom Verlage des „Glückauf“, Essen-Ruhr.

Der Einflufs des Bürgerlichen Gesetzbuchs für das Deutsche Reich und des Handelsgesetzbuchs von 1897 auf das Recht der Berggewerkschaften in Preufsen und dessen Handhabung. Mustersatzungen für Gewerkschaften. Ein Rechtsgutachten, erstattet dem Verein für die bergbaulichen Interessen im Oberbergamtsbezirk Dortmund von Dr. Herman Veit Simon, Rechtsanwalt am Kammergericht. 72 S. 4°. 10 *M*.

Bergarbeiter-Wohnungen im Ruhrrevier. Bearbeitet von Kgl. Berginspektor Robert Hundt. Herausgegeben im Mai 1902, gelegentlich der Industrie-, Gewerbe- und Kunstausstellung in Düsseldorf, vom Verein für die bergbaulichen Interessen im Oberbergamtsbezirk Dortmund zu Essen. 84 S. 4°. Mit 34 Abbildungen und 14 Tafeln. 5 *M*.

Katalog der Kollektivausstellung des Vereins für die bergbaulichen Interessen im Oberbergamtsbezirk Dortmund, auf der Industrie- und Gewerbe-Ausstellung für Rheinland, Westfalen und benachbarte Bezirke, verbunden mit einer Deutschnationalen Kunstausstellung in Düsseldorf 1902. 205 S. 8°. Mit 2 Lageplänen und 17 Tafeln. 1 *M*.

Die Ausstellung des Vereins für die bergbaulichen Interessen im Oberbergamtsbezirk Dortmund in Düsseldorf 1902. 18 Tafeln (17 in Heliogravüre) mit 4 Seiten Text. Geb. in Leinwand 12 *M*.

Das Dienstgebäude des Vereins für die bergbaulichen Interessen im Oberbergamtsbezirk Dortmund in Essen-Ruhr. Baugeschichte, Baubeschreibung und 29 Tafeln in Heliogravüre, Lithographie und Autotypie. 32 × 40 cm. Geb. in Leinwand 25 *M*.

Zur Lage der Bergarbeiter im Ruhrrevier. Von Dr. phil. Jüngst. Sonderabdruck aus „Glückauf“ Nr. 48, 1903. 6 S. 4°. 1 *M*.

Die Gefahren der Elektrizität im Bergwerksbetriebe. Von Bergassessor Baum. Sonderabdruck aus „Glückauf“ Nr. 5 bis 11, 1904. 138 Seiten Groß-Oktav. Mit zahlreichen Text-Illustrationen. 4 *M*.

Die Verwertung des Koksofengases, insbesondere seine Verwendung zum Gasmotorenbetriebe. Von Bergassessor Baum. Sonderabdruck aus „Glückauf“ Nr. 16 bis 21, 1904. Zirka 130 Seiten Groß-Oktav. Mit zahlreichen Abbildungen und Tafeln. 4 *M*.

Vorbereitet wird eine umfassende Darstellung über:

Die neueste Entwicklung der Wasserhaltung und Ergebnisse vergleichender Versuche an elektrischen, hydraulischen und Dampf-Pumpen.